U0360348

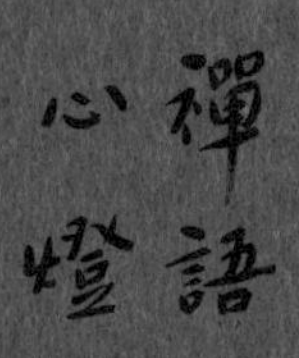
禪語
心燈

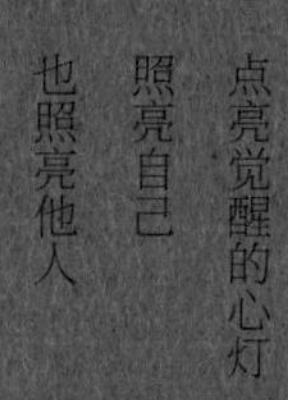
点亮觉醒的心灯
照亮自己
也照亮他人

禪

禅的本质，

是觉醒的心。

修行就是帮助我们开发觉醒的心。

語

生命，可能是一场美妙的盛宴，
也可能是一场无尽的悲催。
关键在于我们选择什么，做些什么。

禪語心燈

济群法师微博选

济群　著

上海交通大學出版社
SHANGHAI JIAO TONG UNIVERSITY PRESS

内容提要

本书是济群法师十余年微博的自选，分为“禅”“语”“心”“灯”四辑，每辑又分为若干个主题，讲述禅理。文字隽秀，词微义精。可供爱好禅理的读者阅读欣赏。

图书在版编目 (CIP) 数据

禅语心灯 / 济群著 . -- 上海 : 上海交通大学出版社，2024.1（2025.3 重印）.
ISBN 978-7-313-30197-0

I. ①禅… Ⅱ . ①济… Ⅲ，①人生哲学 - 通俗读物 IV. ① B821-49

中国国家版本馆 CIP 数据核字 (2024) 第 003713 号

禅语心灯

CHANYU XINDENG

著　　者：济　群
出版发行：上海交通大学出版社
邮政编码：200030
印　　制：上海雅昌艺术印刷有限公司
开　　本：710mm×1000 mm 1/16
字　　数：251 千字
版　　次：2024 年 1 月第 1 版
书　　号：ISBN978-7-313-30197-0
定　　价：68.00 元

地　　址：上海市番禺路 951 号
电　　话：021-64071208
经　　销：全国新华书店
印　　张：19.5　　插页：1 页
印　　次：2025 年 3 月第 2 次印刷

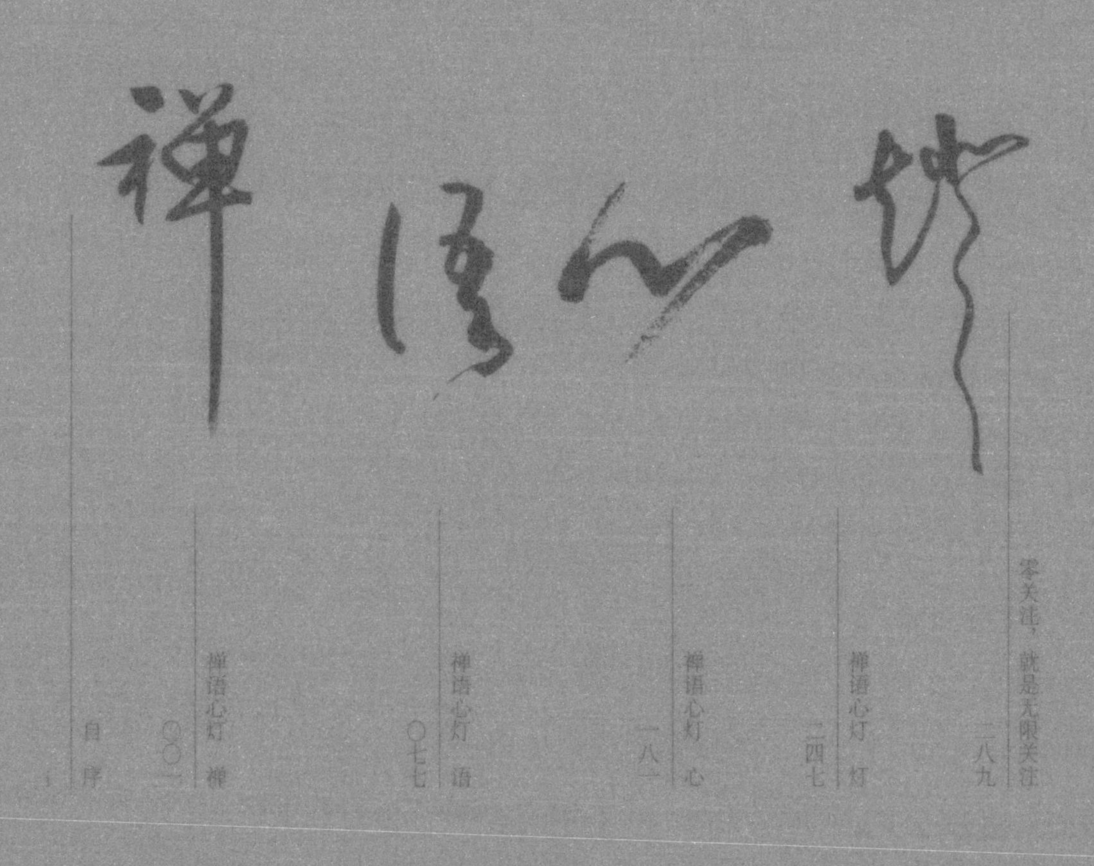
禅语心灯

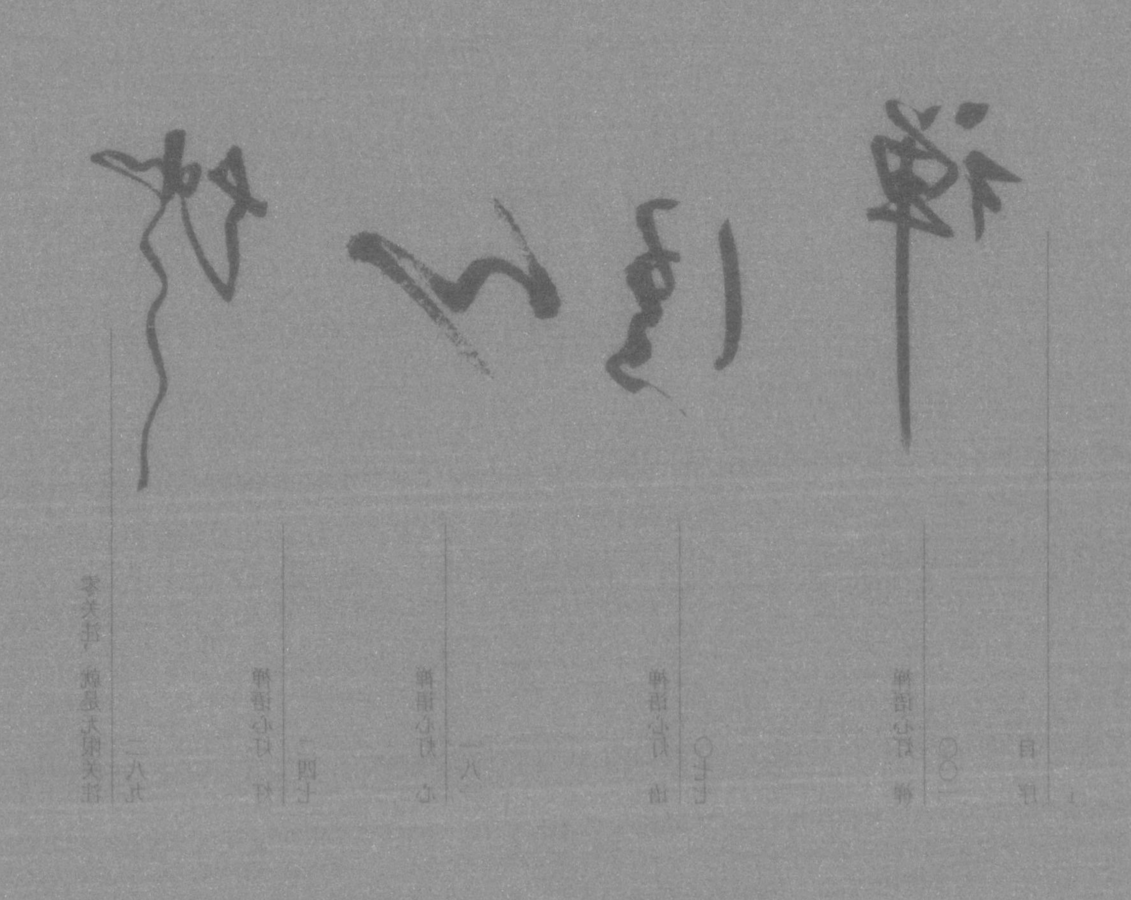

以所思调整观念
以所行造就人格

自　序

《禅语心灯》——济群法师微博选

转眼，使用微博已有十多年，算是资深用户了。

2009年，一次外出讲经时，有信众说："法师开个微博吧，发点活动预告之类，我们好知道去哪里闻法。"凡是能方便大家修学的助缘，我都愿意试一试。在此之前，我已有了博客，再开微博，也是顺理成章的。

当时的微博还是内测版，属于新生事物，多数人尚未使用，反馈寥寥，我就没太重视。过了几个月，有人来采访，结束后问我："我们关注了法师的微博，您怎么很少更新？多发一点吧，大家爱看。"

这一说，又让我想起这个快被遗忘的自留地，开始把平日的所见所思发上去。其实，我并没有刻意要写些什么，但在某个时刻，有些句子就那么出现了，只需随手记录即可。有时是在雨中，有时是在月下，有时是在山中静坐，有时是在海边漫步，有时是和信众交流，有时是在思考教界问题……

一来二去，关注、留言、转发多了起来。那几年，我还应邀开了数次微直播，主题包括“网络中如何学习佛法”“一起聊聊生活中的佛法”“佛教盂兰盆节”“中国文化中的感恩精神”等。一到直播时间，问题潮水般地涌来，屏幕闪得几乎看不清，只能随机应答。这种即时的热烈反馈，让我看到大家对佛法的好乐，也看到自己的责任所在。

有意思的是，那段时间我还作为“微博达人”接受了多家媒体的采访。这是我曾有过的、最社会化的标签。记者们好奇的点是：“出家人用微博，会有那么多人关注？大家究竟想看什么？”偶尔也有不同的声音：“一个出家人，上什么网，发什么微博？”对于这一点，我的定位很明确：上微博，只是为了和大家分享佛法智慧，以此解决现实人生存在的问题。

佛法本身是法尔如是的，不会随着时空改变，但两千多年来，它的传播方式却是多样且不拘一格的。佛教传入中国后，经历了漫长的本土化过程。从佛经的翻译，到佛菩萨造像的演变，到各种形式的经变画，到法义在民俗、戏曲、文学、艺术各领域的反映。正是这些方方面面的渗透，才成就了中国佛教文化发展的盛况。

基于这一点，我对有助于弘法的新工具，始终保持开放的心态。1998年，开通个人主页，和大众广结法缘。2000年，发起“网络佛学院”，在历时两年的授课过程中，从拨号到宽带，从打字到语音，见证了互联网在中国的普及。在博客和微博之后，又于2013年开通了微信公众号。

当然，这些只是传播工具而已，其中贯穿的，是我对佛法几十年如一日的实践。我常常感慨，佛法这么好，知道的人却那么少。不必说社会大众，即使在佛教信众中，也有相当一部分人对佛法毫无了解，甚至充满误解。这种所谓的信，其实更接近迷信。要让这一智慧在今天发挥作用，我们还需要做很多工作，让人们了解到：佛法智慧究竟是什么，可以解决哪些现实乃至终极的问题。

所以说，这并不是一本适合快速阅读的书。在此时、此地、此景的感受背后，是对佛法、对人心、对世间万象的长期思考，希望大家通过这些启发，去反思人生，观照内心。进一步，以所思转变观念，以所行调整心态。

最后，用我在“微博十周年”时所发的内容作为结束：在这个平台和大家结下很多善缘。宇宙无限，众生无量，想到一切相遇都是因缘甚深，唯有心怀感恩。愿所有相遇成为解脱的增上！愿一切众生成为觉醒的道友！

是为序。

2023年10月

禅 | 守护正念　回归本心　〇〇一

心｜狂心顿歇　歇即菩提　一八一

灯 | 点亮心灯 照破无明 二四七

守护正念　回归本心

禅
「禅的本质，是觉醒的心。
修行就是帮助我们开发觉醒的心。」

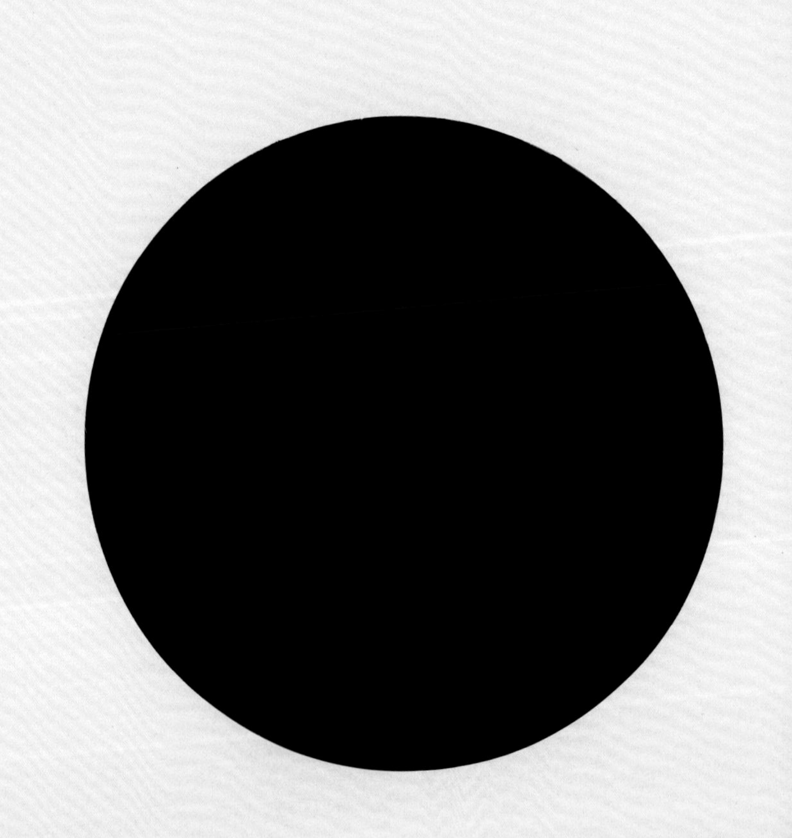

一场没有目标的旅行

修行，
最终是一场没有目标的旅行，
这里超越了目标和过程。
你能想象得到吗？
当然不能，
因为这是想象无法抵达的。

禅　修

禅的本质，
是觉醒的心。
禅修，
就是帮助我们开发觉醒的心。

机　会

每种境界，
都是我们了解自己的一次机会。

迷　路

不走觉路，
就迷路了。

价　值

有的人随着年龄增值，
有的人随着年龄贬值，
这就说明了追求生命内涵的重要性。

意义

生命意义就在生命中，
不了解生命真相，
是无法正确认识
生命意义的。

不同寻常

贴上“我的”标签，
带着强烈的执着，
一切都会显得不同寻常。
去掉“我的”标签，
放下执着，
一切才能回归平常。

梦　中

生命的意义在于从无明中觉醒。
所以，
我们应该为觉醒而活着。
否则就会在无明大梦中，
睡过了一生又一生。

沉沦和超越

有人在经历中沉沦，
有人在经历中超越，
这往往和慧根有关。
慧力强就能超越，
情执重就会沉沦。

心无执取

心无执取，
便能解脱。

可　怕

妄想并不可怕，
可怕的是不知不觉，
所谓“不怕念起，就怕觉迟”。

觉醒的心

觉醒的心，
让我们宁静、
喜悦、
安乐、
吉祥。

无所得

以无所得的心做事，
才能和解脱相应。
如果以贪执的心做事，
做得越多，
就会被绑得越紧，
越不能解脱。

流动
一切都在流动，
没有什么能抓得住。

无为之乐

有为的快乐太短暂，
还是无为之乐美啊！

修　行

从自我感觉良好，
到逐步意识到自身不足，
正是修行的开始。

安心之道
佛法是安心之道，
可以帮助我们了解内心，
进而通过戒定慧的修行，
消除内在不安因素，
令心安住于每个当下。

头等大事

每个人都是烦恼的受害者，
所以烦恼是人生最大的敌人。
认识到烦恼带来的无尽危害，
就要把消灭烦恼作为头等大事。

保持平衡

有平常心，
内心随时都能保持平衡。
没有平常心，
就需要到处寻找平衡。

主　人

做生命的主人，
不要成为妄想的奴隶！

放　松

放松，
不是放纵。
要学会放松，
不要随意放纵。

念　头

你的念头，
决定了你的一切。

一件事

有些人在做一件事的时候，
同时还想着很多事，
这样会很忙很累。
如果把心带回当下，
再多的事也只有一件，
即当下要做的这件事。
只要做好一件事，
就不会太忙太累了。

一念之差

成佛，
是自身佛性的圆满开显；
成魔，
是内在魔性的外化于行。
所谓佛由心造，
魔由心生；
一念成佛，
一念成魔。
了解这个道理，
就知道未来的前进方向了。

迷　信

没有用智慧审视过的人生，
总是充满迷信。
佛法的智慧，
正是帮助我们破除迷信，
解放思想。

催　眠

只要你活得不清醒，
每天都会被不同的人和事催眠。
不知不觉地接受一些说法，
也不知不觉地做一些事。

禅是什么

禅是人生的大智慧。
禅，让人返璞归真，
神定气闲；
让人超然物外，
坐看云起；
让人拥有宁静的内心；
让人获得专注的能力；
让人自在地生活，
更让人生找到方向，
充满意义。

看清自己

一般人说相信自己，
其实是很盲目的。
学佛正是帮助我们看清自己，
并通过禅修清除迷妄的自我，
找到潜在的觉性，
真正做生命的主人。

最大的浪费

不要忙个不停，
每天应该有些闲暇面对自己。
了解自己，学会和自己相处，
才是人生的头等大事！
我们忙惯了，
总觉得不做些什么是在浪费生命。
其实，
无谓的忙碌才是对宝贵人生最大的浪费。

阴　影

多数人平时都在昏沉或掉举中。
无明的力量太大了，
总是使人活在它的阴影下。

大和小

把自我缩小，
你的世界就会变大；
把自我放大，
你的世界就会变小。

纠错之旅

人非圣贤，
孰能无过。
人生就是一场不断发现错误、
改正错误的旅程，
这也许正是生命的意义所在。

使用指南

佛法是用来帮助我们调整心行的，
就像机器的使用指南一样，
读懂了就要实际操作。

敌　人

人生最大的敌人是自我。
修行，
就是一场面对自我的战争。

当下
无穷的过去都以现在为归宿，
无尽的未来都以现在为开端。
活在当下，
把握当下，
这是改善生命的关键。

保　险

善业是最好的保险，
觉性是最高的保险。

珍　惜

了知向外追逐的辛苦，
才能珍惜内在宁静的可贵。

生命不在于长短

生命不在于长短，
而在于活得明白，
活出意义。

舍近求远

我们总在追求想象中的快乐，
而忽略了眼前的快乐，
使得快乐常常和我们擦肩而过。

做　梦

如果不能保持觉知，
人生就是一场自我催眠和相互催眠。
我们关心并努力的，
无非是将这场梦做得更有声有色，
好让自己在梦中觉得安慰。

行　禅

行禅，
安住当下，
迈出生命中庄严的每一步。
你的人生，
便是由当下这一步开始。
把握当下，
也就把握了未来。

接　受

要学会接受改变，
因为一切都是无常变化的，
不变只是暂时的。

追逐影子

因为不了解自己，
所以不知道什么才是人生最重要的。
我们只是随着某种执着和渴求，
不断追逐妄想的影子。

雁过长空

心不黏着，
物来即现，
物去即无，
如雁过长空，
不留痕迹。
这样的话，
即便做再多的事，
也不会觉得有事。

忽　悠

学会客观地审视自己，
当心被妄想给忽悠了。

真自由

一个人可以到处走，
做自己想做的事，
就算是自由的。
一个人能够随遇而安，
随缘自在，
才算是真正的自由。

为正念而生

为正念而生！
不要再做妄想的奴隶了。

重装系统

学佛，
必须给生命重装系统，
或是优化现有系统，
才能真正见效。
如果仅仅换一个桌面或装一个软件，
是不会有多少作用的。
也有人是在现有的凡夫系统外
另装一套学佛系统，
把学佛和现实生活打成两截，
结果学来学去还是依然故我，
不见进步。
更麻烦的是，
两套系统还会相互干扰，产生冲突。

看不清

内心缺乏正知，
看不清心念活动，
没有主动选择行为的能力，
最后只能让烦恼当家做主了。

没有方向

多数人都是活在一大堆混乱情绪和错误想法中，
过着一种没有方向的人生，
随波逐流，不能自主。

回家

学佛，
是帮助我们找到回家的路，
回归心灵家园，
回到觉醒故乡，
不再流浪于轮回途中。

自欺欺人

欺骗别人而不自省，
是可怕的；
欺骗自己而不自知，
是可悲的。

疫苗

社会上贪嗔痴病毒蔓延，
听闻佛法就是播种菩提疫苗，
提高生命的免疫力，
从而免受烦恼病毒的侵害。

思　考

有人说：人类一思考，
上帝就发笑。
从佛教观点来看，
理性并不都是荒谬的。
接受正见，
善用理性，
可以开发智慧，
认识真理。
而接受邪见，
滥用理性，
则会使人走向无明的深渊。

安　心

现代人需要禅的智慧安心，
从而获得安全感，
平息内心的浮躁混乱，
更有效地工作和休息。

无来无去

来去，
找不到来去的本质。
所以来去也只是一种因缘假相，
其实是无来无去。

烦　恼

有时你有烦恼，
有时你没烦恼，
那只说明烦恼存在，
并不等于你就是烦恼。
认识到烦恼不是你，
和烦恼保持距离，
对烦恼保持觉察，
是解除烦恼的必要手段。

无　为

现在人太有为了，
搞得整个世界不得安宁。
认识无为，
体认无为的智慧，
有助于恢复世界的和谐与宁静。

恢复自由

自我的满足，
始终隐含着巨大的贪执，
使生命不断形成依赖、
束缚和种种烦恼，
从而失去独立和自由。
解脱，是逐步解除贪执，
以及由贪执形成的依赖和束缚，
恢复生命的独立，恢复心灵的自由。

佛法的重要

信佛并非接受一种与己无关的东西。
每个人都有困惑和烦恼，
佛法可以帮助我们认清烦恼真相，
并提供究竟的解决方法。
了解这些道理，
就知道佛法对我们的重要性，
以及对人类所具有的价值。

清　凉

没有清凉的人生，不是热恼，就是凄凉。

独一无二

万物无常，
善加珍惜，
每个当下都是独一无二的。

聆听安静

放慢脚步，聆听内心的安静。

安　禅

松风吹拂面，松针做蒲团，
空山寂无语，随处可安禅。

辜　负

每天把生命消耗在迷乱的需求中，
消耗在被动的选择中，
真是辜负了大好时光！

什么都不做

禅修，就是培养什么都不做而依然自足的能力。
当你能什么都不做的时候，
才有能力主动选择自己的行为。
否则，我们总在惯性中忙碌着，身不由己。

随遇而安

不执着特定的角色及生活环境，
才能随遇而安，坦然面对各种处境。

要洒脱，更要解脱

洒脱是一种生活方式，多一点洒脱，就多一点轻松；
超脱是一种人生态度，多一分超脱，就多一分自由；
解脱是一种生命目标，多一些解脱，就多一些自在。

解放

解放，是解除贪执，
恢复心的自由和开放。

最佳时机

生命从聚合走向分散，
又从分散走向聚合。
每个当下既是生命的起点，
也是生命的终点。
因此，每个当下都是改善生命的最佳时机。

快乐的增减

一个人原本拥有很多快乐，
因为他不希望看到别人快乐，
结果把自己的快乐也葬送了。
一个人原本只有一点点快乐，
因为他乐于和别人分享，
结果他的快乐不断增长。

无我才平等

有我，就有好恶和抵触情绪；
无我，才能平等接纳一切，
对一切众生心怀慈悲，给予帮助。

演戏和看戏

在人生这场戏中，
如果把自己当作真实的角色，
入戏太深，会活得特别辛苦。
只有把自己当作观众，
以超然的心态看待一切，才能进退自如。

接纳无常

无常，是人生的真相，
也是世界的规律，我们必须学会接纳和面对，
否则就会有太多无奈。

因陀罗网

佛教有因陀罗网之说，
揭示宇宙是无限的整体，
任何一点都能和整个宇宙发生联系，
都包含整个宇宙的信息。
由此，
佛教提出“一即一切，
一切即一”的思想，
这和现代的因特网颇为相似却又更为神奇。

一样不一样

平常心，日常事。
一样的生活，不一样的用心。

真正的独处

一个人待着，未必就是独处。
一个人待着，什么事都不做，
也不刻意想些什么，安静地面对自己，
才算得上是独处。

直面烦恼

逃避烦恼，转移目标，
不是究竟解决烦恼的办法。
只有直面烦恼，
用心审视烦恼的实质，
才能在当下化解烦恼。

开　放

心的开放程度越大，
可以接纳的人就越多。
如果只是活在自己的感觉中，
就会注意不到他人的存在，结果成了孤家寡人。

和自己相处
学会和自己相处，
少一分依赖，多一分自由。

局 限

一个人的经验、认识和能力，
既是立身处世的基础，
也会成为他的局限所在。
自以为是、感觉良好的人，
往往很难跳出这种局限。
唯有了解缘起无我的真相，
才能客观审视自身的存在，
从而摆脱局限。

由人及己

对别人慈悲，就是对自己慈悲。
伤害别人的同时，也就是在伤害自己。

缘起论

佛教不是无因论、神创论、宿命论，而是缘起论。

佛陀告诉我们，

要用缘起的智慧看世界。

唯有正确认识人生的因缘因果，

才能了悟生命真相，究竟离苦得乐。

无为并非无所作为

无为，并非无所作为，虚度时光。
无为，是心不造作，
安住于生命的本来状态，是生命最高价值的呈现。
无为，才能无不为。

泡　沫

事业、地位、荣誉对我们意味着什么？
我们总在为此忙碌，鞠躬尽瘁，
其实只是一个制造妄想和满足妄想的过程，
一个暂时的泡沫，并不能给生命成长带来真正的利益。

从绝望到希望

抗拒无常，让人感到绝望；
拥抱无常，给人带来希望。

水知道答案

“水知道答案”并非真的水能识字，或听懂什么，
而是体现人的心念与世界的关系。
心念造就人格，心念决定命运，
心念影响健康，心念成就世界。
佛教强调发心，
正是说明选择心念对于人生的重要性。

人生最大的消费

人生最大的消费，是对自我的满足。
一个人的自我感越强，需求就会越多，
付出的代价也就越大。
无尽的轮回，
就是这个自我不断制造需求和满足需求的过程。
唯有通达无我，才能结束这场徒劳无益的消耗。

明和无明

心，有明和无明两个层面。
在明性、觉性未开发前，
生命处于无明状态，制造生死轮回；
一旦明性开启，则能驱除无明黑暗，
成就觉醒解脱。

回归自然

追求浮华，
只会让心变得更加浮躁；
回归自然，
才能聆听生命内在的安静。

安住当下

许多人每天都在玩精神穿越，
不是活在对过去的回忆中，
就是活在对未来的幻想中。
禅修的作用，就是帮我们把心带回当下，
活在此时此刻。
即使念头在玩穿越，
也能了了明知，不为所动。

轮回剧

自我在不断编写轮回的剧本，
上演一场又一场轮回的剧目。

安身立命

存在的注定都要归于毁灭。
哪里才是你的安身立命之处？

虚空和云彩

自我，只是一个标签，一种认定。
当我们执什么为我时，其它的便是非我。
因此，自我认定总是狭隘而有限的。
一旦去除“我”的标签和认定，
你的存在便是无限。
如果说有“我”是一片云彩，
“无我”便是整个虚空。
你希望自己是一片云彩，还是虚空呢？

没希望

对生命的认识肤浅，
只能根据眼前需要确定行为的价值，
跟着感觉，走到哪里是哪里，
活着一天算一天，这样的人生是看不到希望的。

谁偷走了你的时间

谁偷走了你的时间？
在这个时代，
似乎每个人都说很忙，
可我们究竟在忙什么？
审视一下我们度过的每一天：
有多少时间在胡思乱想？
有多少时间在排遣无聊情绪？
有多少时间在满足不良需求？
又有多少时间在做真正应该做的事？

傻　瓜

只要没有看清轮回真相，
不断地执着和追求，
不论自以为多么聪明，
其实都是不折不扣的傻瓜。

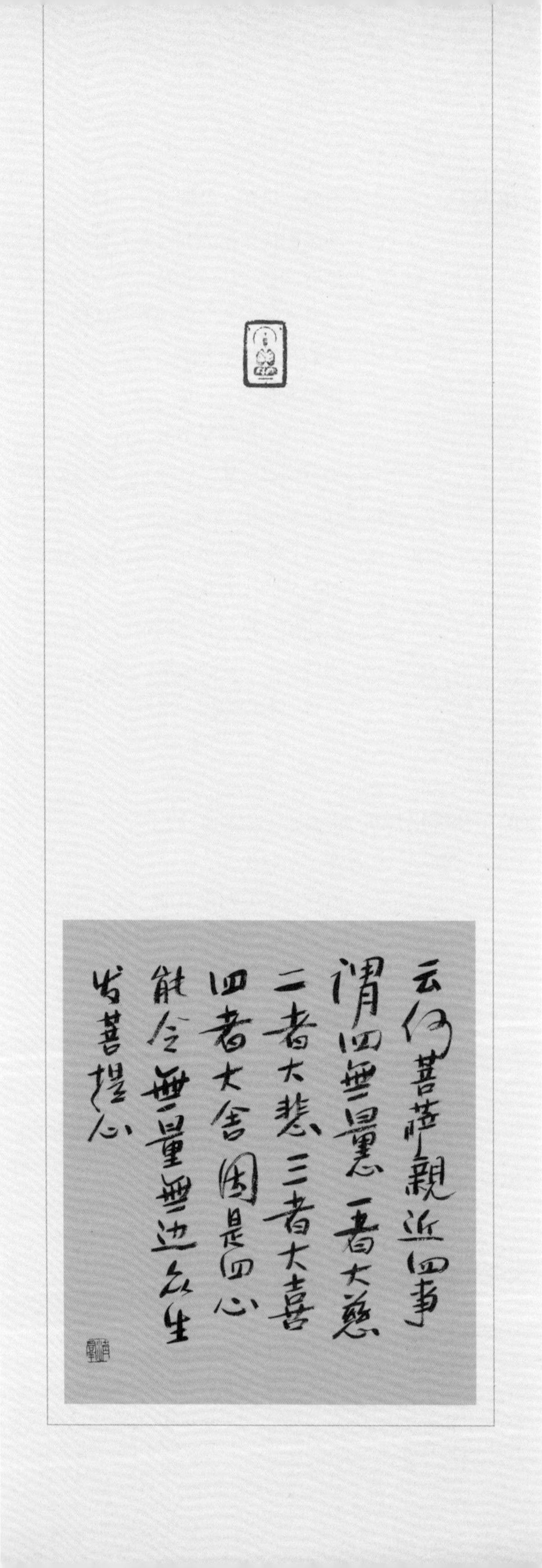

云何菩萨亲近四事
谓四无量心 一者大慈
二者大悲 三者大喜
四者大舍 因是四心
能令无量无边众生
发菩提心

忙

忙，是心加亡。
很多人每天忙来忙去，
像机器一样活着，
真是心已亡也。
如果带着觉知去做每一件事，
就能忙而不亡。

只是一种想法

想法介入我执，
就成为我见，进而产生对立；
想法剥离我执，
就只是一种想法，不论是与非，
都能心平气和地面对。

宇宙的本质

宇宙因为生命的存在而有价值。
如果生命只是偶然现象，
只是人死如灯灭，
那我看不到生命存在的究竟意义，
也看不到宇宙存在的理由。
心的本质，就是宇宙的本质。
因为生命蕴含着无限的价值，
所以，宇宙也蕴含着无限的价值。

自　由

很多人以为，由着自己就是自由。
那种自由的背后，
往往是不顾及他人感受的自私和自大。
真正的自由，于人、于己、于社会都是有益而无害的。

超越有限

每个有限的当下都蕴含着无限，
超越有限的设定和执着，
才能进入无限的自由。

肯定和否定

肯定，可以给人带来满足；
否定，却能让人得到超越。
人不仅要接受肯定，也要勇于否定自己，
才会有更大的进步。

中　观

佛教不是乐观，不是悲观，而是中观。
所谓中观，就是如实观照世间实相，
真诚面对，不自欺，不逃避。

自主的能力

我们想要得到自由，
必须先培养自主的能力。
唯有自主，才能自由。

选择和发展

人生在不断的选择和发展中，
未来会走向哪里？
关键在于选择了什么，
发展了什么。

认　识

你的认识，
决定了你所认识的世界。

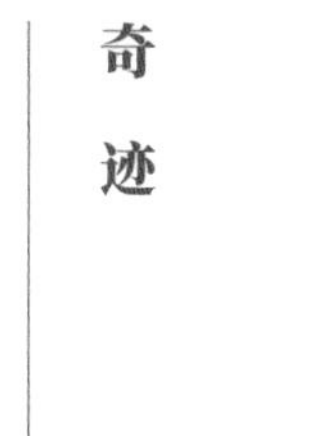

奇迹

每个生命都是一个奇迹，
我们应该尊重他，爱护他。

活着为什么

唯有了解生命蕴含的价值，
才能更好地回答：
人活着究竟是为什么。
你了解生命蕴含多大的价值吗？

误　解

生命中最大的误解，
就是对“我”的错误认识，
这是一切痛苦烦恼的源头。
佛教所说的明心见性，
便是帮助我们认清自我真相，
拔除烦恼之根。

接纳不黏着

佛菩萨的心是全然开放的，
没有对立，超越局限，
可以接纳一切，又能不黏着一切。

失去自由

对外在环境过分依赖，
使心灵失去自由，
无法独立。

调　整

修行，
就是以佛法智慧看清生命真相，
调整心行轨道，
从而摆脱恶性重复，
建立良性心行，
并使之逐渐稳定，
成为生命的常态。

重　要

用死亡审视现有的一切，
才知道什么真的重要，
什么并不重要。

不负此生

学会面对自己的不足，
但不能安于不良现状，自欺欺人。
应该自强不息，止于至善，方能不负此生。

得失荣辱

活在当下，没有得失，没有荣辱。
因为得失荣辱只是妄想，
而当下是超越妄想的。

替代品

我们现在的自我，
是迷失觉性后建立的替代品，
并不是真正的“我”。
但我们往往因为这份错误认定操劳一生，
不断造业。
重新思考“我是谁”，
对每个人都非常重要。

研　究

我们每天在研究这个，
研究那个，
就是忘记了研究自己。
其实，认识自己才是最重要的。
看看，什么代表着你自己？

代　表

谁在使用你的人生？
什么代表你的存在？

漏　洞

人管不住自己，
就得为此付出代价，
承受苦果，怨谁呢？
其实，是因为生命系统存在漏洞。
只有改善生命系统，
才能从根本上解决人生问题。

寻找原因

出现问题，
不要一味指责环境，
学会从自身寻找原因，
改善观念，调整心行，
才能更有效地解决问题。

安详
时时觉醒，
分分安祥。
静观

定心丸

交通便利，资讯发达，
各种因缘纠结在一起，
使人际关系变得错综复杂，
处处充满诱惑。
在这种情况下，
有抵制诱惑的定力，
有坚持选择的智慧，
显得特别重要。

视而不见

无常的事实不断给我们说法，
人们却视而不见，
依然沉迷于永恒的幻想，
期待永恒的存在。

无住生心

佛法以缘起看世界，
认识到一切现象的本质都是
无常、无我、无自性空，
一切存在只是条件构成的假相，
所谓“一切有为法，
如梦幻泡影，
如露亦如电，
应作如是观”。
经常这样观察，
就能摆脱我执我见，
达到无住生心的效果。

空有不二

空，并非什么都没有，
而是要否定我们强加于事物上的设定和执着，
还原事物的真相。
空，是帮助我们消除错误认知，
开启般若智慧，
认识到一切存在都是条件与变化构成的假相。
空，并不否定有，
是为“空有不二”。

居安思危

居安思危，
是要我们在安定舒适的生活中，
看到内心还隐藏着制造不安定、不舒适的烦恼。
没有解除生命的迷惑和烦恼，
所谓的安定舒适只是一时假相。

尊重并接纳

尊重缘起的事实，
接纳世界的差异与多样性，
可以减少纠结，化解对立。

荒　谬

没有用智慧审视过的生活，
总是充满迷信和荒谬。

忙些啥

如果不了解自己，
也不知道人为什么活着，
只能寻求外在依赖，
为无明制造的种种需求奔忙，
听从烦恼的任意驱使，
忙忙碌碌，徒劳无益。

没有负担的享受

放下特殊身份、
能力、贡献
带来的重要感、
优越感和主宰欲，
才能享受平常的快乐，
轻松的生活。

生命轨迹

人生，如果不能主动加以改善，
就得承受不良观念和习惯带来的无尽麻烦。
可是，主动改善要有智慧和勇气，
否则很难跳出原有的生命轨迹。

汝意不可信

不要过于相信自己的想法，
可能你的认识模式有局限，
也可能你的判断标准有问题。

有限蕴含着无限

有限蕴含着无限。
空的智慧便是帮助我们打破有限的执着，
从而通达无限的空性。

无限的心

心原本是无限的，
自足的，
只是因为陷入狭隘的设定和情绪中，
才变得渺小、自私、缺乏安全感。
跳出这些设定和情绪，
就能回归心的无限和自由。

假　相

一切都是条件与变化的假相，
没有什么可以真正代表你，
也没有什么你可以永远抓得住，
总想着个人得失只会不断产生烦恼，
这就是佛陀反复宣说“无我”的原因。

岁月静好

慈经

每天听听《慈经》，
可以消除内心的暴戾之气，
增长慈悲，令心调柔。
听《慈经》须随文入观，
把经中的每句话当作自己的愿望，
让这份慈心从自身开始，
延伸到周边的人，
再遍及一切众生。
听经的同时，
还要不断模拟这样的心行，
在座下以慈心待人接物，努力实践。

唤　醒

觉醒的心无所不在，
念诵三皈依，
便是唤醒觉醒的心，
唤醒觉醒的宇宙。

活出自己

我们总在宣称要活出自己，
但所追求的，
往往是概念性或想象中的自我，
不曾找到自己的本来面目。
我们试图制造一个“我”，
代替自己的存在，
能替代得了吗？

似是而非

宽容不等于纵容，
包容不等于认同。

资源浪费

每天的夕阳都不一样。
大自然如此丰富，
我们却熟视无睹，
这也是资源浪费啊！

正念的双足

戒和见是正念修行的双足，
缺一不可。
如果一味强调正念，
却不重视戒和见的基础，
禅修是不容易成功的。

本来面目

“我”有二义：
一是不依赖条件而能独自存在；
二是主宰义。
在现实中，
没有一样东西不依赖条件，
也没有一样东西我们能完全自主，
所以佛教讲无我。
无我，并不是说你不存在，
而是帮助我们否定对自己的错误认定，
还原生命的本来面目。

为谁辛苦

为谁辛苦为谁忙？
其实，人们都在为自我打工。
自我又是什么呢？
只是人类的一个设定而已。
如果不能走上生命觉醒之道，
我们所做的一切也许都是徒劳。

匮乏和富有

匮乏的人，只会不断索取；
富有的人，才会乐于施舍。
所以说，
贫穷和富有并不在于财富多少，
而是取决于自身的心理状态。
如果一无所有也不觉得缺少什么，
那才是最富有的人。
因为这种富有是任何人无法夺走的，
也是任何意外无法改变的。

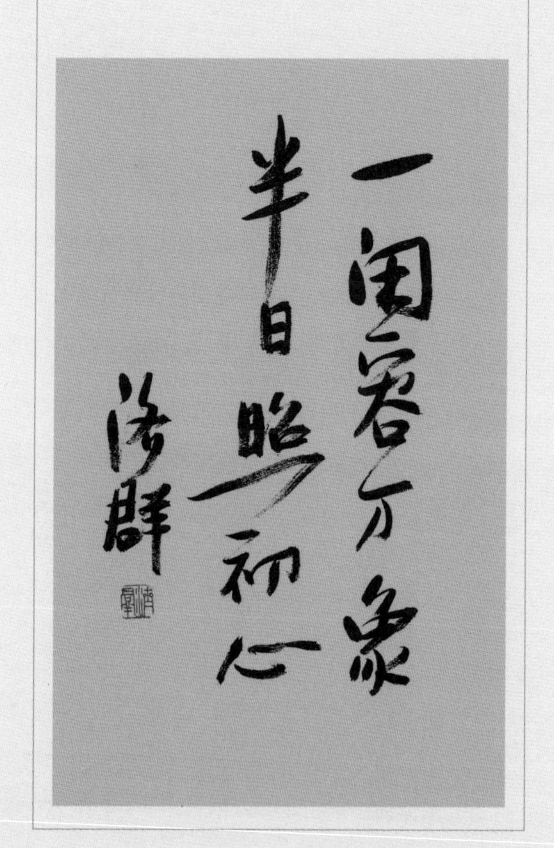

忙和闲

忙着，
一个念头、一件事就是整个世界；闲下来，
才能看到世界的精彩多样，
体会生命内在的丰富从容。

活在此刻

正念，
把心带回当下。
活在此刻，
觉知身心的变化，
不黏着，
不逃避，
不分别，
不评判。

平常福，不平常

晚上能自然睡去，
清晨在鸟语声中自然醒来，
这是一种平常而又不平常的福报。

理　解

不要总指望别人理解自己，
相反，
我们应该学会理解别人。
当我们真正走进别人内心的时候，
别人才有可能用心来理解我们。

改变认识

我们无法离开自己的认识看世界，
却可以通过学佛改善认识。
当我们改变自身认识的时候，
也就改变了自己眼中的世界。

认识的障碍

我们对世界的认识和选择，
源于自我的需求和判断。
一个我执重的人，
总会以自我为中心看世界，
并制造各种理由证明自己的合理性和优越性。
唯有弱化我执，
认识到缘起无我，
才能客观如实地看待世界。

微　尘

地球是宇宙中的一颗微尘，
我是地球上的一颗微尘。
我是什么？

封　闭

强烈的我执我见，
使人失去沟通能力，
活在对立和矛盾中，
影响人际关系的和谐。

自我检查

发生任何问题，
学会先从自己身上寻找原因，
然后再检查外在的环境因素，
这样才有助于更好地解决。

镜　子

每个人都是我们的一面镜子，
他人的缺点，
很可能就是我们的缺点。
看到他人的缺点，
是我们认识并改善自己的因缘。

转化的智慧

缺乏智慧的人，
痛苦就是痛苦，
没有任何正面意义。
具足智慧的人，
则能将痛苦视为老师，
从中获得规避风险的经验，
进而修正行为，
离苦得乐。

现实和理想

人不能没有理想，
但也不要总带着理想的眼光看世界，
那样会悲观失望的。
要接纳现实的缺陷，
同时保有理想。
正因为现实的缺陷，
才显得理想之可贵。

认清自我

学佛，
如果只是用于满足自我的需要，
是不能解脱的。
学佛，
是要认清自我真相，
破除我执我见，
才能开显觉性，
成就解脱。

在追求自由中失去自由

我们总希望尽量满足自我的各种需要，
实现自我的更大自由。
岂不知，
自我建立的需求越多，
所受到的牵制就越多，
越不自由。
可怜的人们！
因为看不清生命真相，
总是在追求自由中失去自由。

大医王

佛陀是大医王，
佛法是药，
善知识是医生，
共同帮助我们治疗贪嗔痴的疾病。
我们唯有解除生命内在的贪嗔痴，
才能成为真正意义上的健康者。

迷之惑

迷了，
就会产生疑问，是为疑惑；
迷了，
就会进入困境，是为困惑；
迷了，
就会被外境引诱，是为诱惑；
迷了，
就会被假相蒙蔽，是为蛊惑。
迷了，就有惑；
有惑，就有祸。

学会休息

人们总觉得要做些什么，
才显得自己有价值，
其实，学会不做什么，
能够安静地待着，
对自己、对社会也许更有价值。
人类因为过于有为，
已经使身心和世界快要不堪重负了。

脚　印

人类的文明，
沙滩上的脚印。

更重要
你是什么，
比你拥有什么更重要。

路不是一条

一个人活在特定的
文化、制度、思想、观念、需求中时，
以为现有的一切都是天经地义的。
跳出自我的局限，
才发现人生的道路无量无边，
最重要的，
是作出智慧的选择。

感　恩

清晨的阳光，
清凉的风，
蜻蜓漫天飞舞，
小鸟放声高歌，
老僧在庭中早餐，
美好的一天又开始了！
感恩天地万物，
感恩累世的福德因缘，
使我们能够生而为人，
拥有健康的身心享受这一切。

人生是苦

佛教讲人生是苦，
是要我们接纳人生存在各种痛苦的现实，
勇敢面对，
进而探求痛苦之因并予以解决。
相反，
因为对痛苦感到恐惧，
而采取回避、麻醉、转移的态度，
只会让痛苦变得更复杂，
更剧烈，
更让人恐惧。

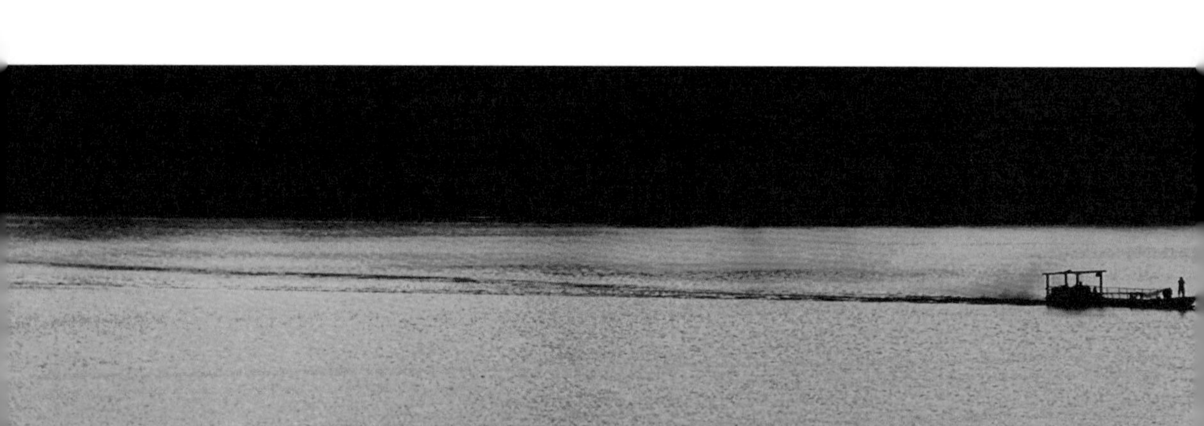

不知不觉

我们不知不觉地接受了许多观念及生活方式，
知道它意味着什么吗？
我们应该重新审视自己的观念，
检讨自己的生活，
看看其中有多大的合理性，
又包含多少的荒谬性！

放　弃

放弃并非都是消极，
能够拿得起放得下，
乃勇者所为。
佛陀便是最伟大的放弃者，
他放弃了家庭乃至王位，
放弃了对世俗的一切占有，
为人类发现了觉醒之道。

需要解脱

解脱，
是解除内心的困惑和烦恼。
每个人内心都有这样那样的困惑，
也有或多或少的烦恼，
所以都需要解脱。

一切皆有可能

无常，
让我们知道
一切可以改变，
只要努力创造善缘，
美好的人生果实
就可能实现。
无常，
也说明吉凶祸福
皆自有因果，
生老病死乃自然规律，
从而使我们坦然
面对人生的种种不幸。

吃饭的修行

吃饭也是一种修行，
带着贪嗔痴吃，
便是增长贪嗔痴；带着正念吃，
就能成就正念。

禅茶一味

喝茶时悠闲、放松而又专注的心境，可以导向禅。如果能带着禅心喝茶，才叫真正的禅茶一味。

智慧的教育

每个生命都有本初的智慧，
都有自救的能力。
佛陀正是这种智慧的发现者和实践者，
由此完成生命改造，
成为圆满的觉者。
佛法则是帮助我们认识这种智慧的教育，
是从迷惑走向觉醒的教育。

真　理

佛教重视真理，
但真理会戳穿自我的骗局。
所以，
有时真理并不受人欢迎。

标　签

许多东西因为被贴上“我”的标签，
就显得倍加重要，
使人为之争斗，
为之玩命。
可究竟什么能代表“我”的存在呢？
眼前所见的一切，
都不过是人生过程的产物，
暂时和我们有关而已。

生活和修行

真正懂得修行的人，
生活才会成为一种修行。
而对于大多数人来说，
生活只是一场无尽的忙碌，
和修行是了不相干的。

觉察力

无明，
就是内心失去明的作用。
通过禅修，
可以培养觉察力，
逐渐开显明觉的作用，
无明也将随之消失。

机械运动

学了再多理论，
做了再多功课，
如果没能把佛法变成自身观念，
进而落实于心行，
都不过是替人数羊或机械运动而已。
修学方式不同，
产生的影响也截然不同。

解　脱

解脱不是出家人的专利，
每个被无明烦恼折磨的众生都有解脱的需求，
同时也具足解脱的潜力。

僧人的品质

脱俗和寂静，
是僧人应该具备的两大特征，
缺少这样的生命品质，
何以教化世人？何以住持正法？

保持觉察

保持觉察，
别让妄想挥霍生命。

休息

轮回是很累的，
涅槃才是休息。

减少依赖

独处，
未必都会孤独、无聊。
如果有正念，
独处就是面对自己，
和自己相处的机会。
只有当内心有许多期待和执着得不到满足时，
才会因此而孤独、无聊。

无我

无我，
可以打破迷妄的自我，
开启本具的觉性。
无我，
可以彻底瓦解贪嗔烦恼，
消除世间一切对立。
无我，
才能平等地慈悲一切，
建立真正和谐的社会。

大　我

有句话叫作“舍小我成大我”，
但要小心，
这个“大我”是广大的众生，
而不是巨大的自我。

解除迷妄

只有体认到空性智慧，
才有能力彻底解除迷妄的生命模式。

有迹可循

生命道路是有迹可循的，
此时此刻的行为，
将影响下一时、下一刻生命的开展。
所以说，
你的行为，
决定了你的命运，
决定了你的未来。

学佛须知

了解释迦牟尼出家修道的经历、
成道的方法、
佛法的核心纲领，
以及佛陀一生说法的根本思路，
对于想要了解佛法或已经学佛的人而言，
非常必要。

不容易

人本来很容易快乐，
因为培养了过多的需求，
以及由贪执产生的种种烦恼，
所以才变得不容易快乐。

跳出陷阱

培养正念，
才能解开观念的枷锁，
跳出感觉的陷阱。

道德和智慧

道德可以造假，
智慧无法造假。
不要迷信道德，
而要欣赏智慧。
真正有德行的人才值得尊重。

哪个更近

明天近，
还是死亡近？
不要让妄想和无谓的需求耗费宝贵人生！

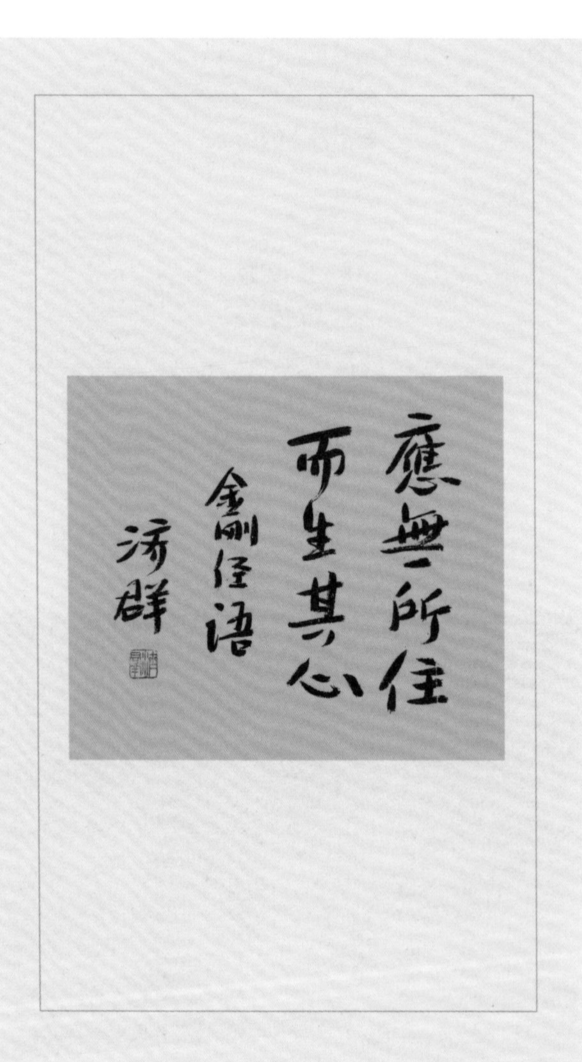
應無所住
而生其心
金剛經語
济群

生命的治疗

释迦牟尼曾经也是贪嗔痴的病患，
通过修行，
发现人类具有觉悟潜质，
具有自我治疗的能力，
从而断除贪嗔痴，
成为真正意义上的健康者——
一个没有贪嗔痴的人，
一个充满慈悲和智慧的人。

改变是人生的现实

改变是人生的现实，
不可避免。
要学会接受改变，
体验改变带来的乐趣，
并从中成长。
如果一味抗拒改变，
只会带来无谓的痛苦。

善业和觉性

善业，
能让我们生于善道，
福德具足。
觉性，
能让我们超越轮回，
解除迷惑，
得大自在。

唯一出路

选择正念，
发展正念，
是生命唯一的出路。

人生的学习

人生的学习，
包括生存、生活和生命的学习。
多数人都是停留在生存的学习，
结果把自己变成赚钱的工具，
懵懵懂懂地度过一生，
浪费了宝贵人身。
学习佛法，
可以帮助我们了悟人生真相，
完成生活和生命的学习。

学习的旅程

保守封闭、自以为是的人，
很难有什么进步。
拥有开放的心，
看到自己的不足，
看到别人的长处，
才能不断向前。
生命就是一次学习的旅程，
不仅要学习生存和生活的能力，
还要学习生命的智慧，
才能不负此生。

出世入世

佛教讲出离，
并非远离世间，
而是深刻认识到轮回的本质是苦，
认识到现有一切都是因缘假相，
从而放下执着，
以超然的心态面对一切。
所谓以出世之心，
做入世之事。

不堪重负

学会休息，
学会放下，
才能健康而轻松地生活。
如果贪执难舍，
不断忙碌，
终将使人不堪重负。

第一时间

每一个当下，
都是第一时间。

逆　境

事事顺遂，
生活安逸，
容易使人浑浑噩噩。
而逆境和挫折反而会激发对人生的思考，
有助于心灵提升。

欺　骗

人们总是不愿被别人欺骗，
却宁愿自己欺骗自己。

放下自我
放下自我的优越感，
才能更好地认识世界，
理解他人。

尊　重

每个生命都是缘起的存在，
都有自己的成长规律，
需要理解，
也需要尊重。
在这个前提下，
才能谈得上交流和帮助。

你了解自己吗

有人说我什么宗教都不信，
只相信自己。
可你了解自己吗？
在迷惑的心灵世界中，
做得了自己的主人吗？

牢　笼

人被困在自我编织的牢笼中，
不得自由。
唯有发起真切的利他之心，
才能从中解放出来。

彻底的舍

舍，
是佛法修行中的重要内容。
世人因舍财济贫获得人天福报，
声闻因舍离贪着成就解脱圣果，
而菩萨则施舍一切，
甚至连涅槃都要舍去。
所谓
“不住生死，不住涅槃”，
乃能成就无上菩提。
真是大舍才能大得。

依　止

修学佛法要靠自己的努力，
还要靠正确的方法，
所谓“自依止，法依止”，
而正确的方法离不开善知识的指导。

觉与不觉

凡夫是迷惑中的人，
菩萨是走向觉醒的人，
佛陀是完全觉醒的人。
凡夫与佛的差别，
只在觉与不觉之间。

大　火

森林的大火正在逼近，
可有些人还企图在森林中建立永久的家园。

虔　诚

虔诚，
可以消除内心的局限，
使心回归本然的清净，
回归无限开放的状态，
从而与法相应，
与佛菩萨相应。

学　佛

学佛并不只是祈求菩萨保佑，
事事顺利，
关键是学习佛法智慧，
正视是非得失，
宠辱不惊，
超然物外。

幻想

人们把身体、
身份等当作是『我』，
执以为实，
乃至产生永恒的幻想，
就无法面对无常的现实。

不自欺

空性，
不是否定现实的存在，
更不是逃避缘起的世界，
而是要帮助我们获得认识真相的能力，
不迷惑，
不自欺。

我与他

自我，
没有恒常不变的实体，
我与他也不存在绝对的界限。
了解到自他只是因缘假相，
才能减少隔阂，
消除对立。

勇于否定

了解到认知与真相存在的差别，
我们要勇于否定自己，
才能洞见真理。

现实和信仰

人生有现实问题和信仰问题。
解决现实问题，
只是满足暂时的需要；
解决信仰问题，
才能满足永久的需要。

夸 大

过分的期待和在乎，
往往使人夸大某些事的重要性，
从而带来更多的痛苦。
就像盲目追加投资，
一旦失利，
就会带来更大的损失。

输

可以输在起点，
不要输在当下。
当下的选择，
才是改变未来的关键，
而起点只是往昔努力带来的结果。

无谓的伤害

在这有漏的世间，
任何美好现象的本质都是苦、空、无常、无我的，
是如幻如化的。
如实观照事物的真相，
就不会活在一厢情愿中，
受到无谓的伤害。

投入

学佛，
要像海绵投入水中，
内外都是法味；
不要像石头，
无论被多少法水包围，
终究还是顽石而已。

假名安立

名字只是一种代号，
语言只是一堆概念的组合，
都是假名安立，
并非事实真相。
认识到这个道理，
可以减少语言带来的伤害。

疑

疑，
会使人开悟，
所谓大疑大悟，
小疑小悟，不疑不悟。
疑，
也会让人增长烦恼，
所谓疑神疑鬼。
疑，
可能是开悟的手段，
也可能阻碍智慧的通达。
同样是疑，
却有不同的作用。
小心，
别用错了。

知足常乐

知足，
是人生最大的财富。
知足，
才能避免自己成为贪欲的奴隶。

面　具

面具戴久了，
自己都不知道本来面目是什么。

背道而驰

许多人都是带着有所得的心接触佛法，
像是逛街购物一般，
只选符合己意的。
岂不知，
满足自我需求和成就解脱往往是背道而驰的。

迷悟只在 一念间

生命，
可能是一场美妙的盛宴，
也可能是一场无尽的悲催。
关键在于我们选择什么，
做些什么。

流逝

时钟在摇摆，
生命在流逝，
无常不可抗拒。
许多人都在忙碌中走向衰老，
又在迷惘中走向死亡，
对生命的真相却一无所知，
这就是虚度人生了吧。

认识决定高度

认识决定高度，
需求决定追求。
提高认识，
提升需求，
是改善人生的重要前提。

虚假的安全

对外物的依赖，
只能带来虚假的安全感。
因为一切都是无常变化的，
那些看似安全的东西，
其实，
最多只有一层安全的外壳而已。

消费和投资

时间就是生命。
如果没有清晰的目标，
它将在混乱的需求中逐渐耗尽，
成为无谓的消费。
唯有找到正确目标，
才会让时间过得充实而有意义，
在利益自己的同时利益他人，
成为回报丰厚的投资。

结　束

死亡不是结束，
爱会继续，
恨也会继续。
只要不放下，
一切都没完没了。

善用时间
时间是宝贵的，
但它没法储藏，
最好的办法就是用足它，
用它来成就善业，
增长福慧。

从一个到一切

爱一个人容易受伤，
爱一切人反而不会受伤。
因为爱一个人会引发贪着，
而爱一切人则能生起广大的慈悲。

活着的意义

有人问我：
出家人不喝酒、不吃肉、不成家，
这样活着有什么意义？
我想：
如果一个人只是为了喝酒、吃肉、成家而活着，
这样的人生有什么意义？

次品

生命也是一种产品，
没有正见（正确标准）的引导，
只会不断生产次品。

看不见的障碍

一个人的优点，
会把他的缺点掩盖起来；
一个人的贡献，
会把他的缺点保护起来。
所以，他想要进步往往更不容易。

缘起

在各种缘起下，
发生什么都是理所当然的，
因为一切的存在都有前因后果。
学会接纳现实，
正确选择，
才不会一厢情愿，
和世界形成对立。

可能

生命，
可能是一场美妙的盛宴，
也可能是一场无尽的悲催。
关键在于我们选择什么，
做些什么。

我执和无我

在强烈的我执中，
也会口口声声地说着无我。
你，看清了吗？

津津有味
沉溺在无明中的人，
无论干了多么荒谬或无聊的事，
总是津津有味。

追求什么

快乐不仅是一种感受，
同时也代表生命的内涵。
一个人追求什么样的快乐，
就意味着他拥有什么样的生命内涵及生存意向。

延长生命

减少一些不必要的需求，
每天就能多出很多时间。
如果把这些时间用于有意义的事，
生命就能因此延长。

自我保护

烦恼也有自我保护的功能，
有时甚至会以假死蒙混过关。
如果不了解它的生存之道，
想动摇它并不容易。

两种人

爱生气的人，
总能找到许多生气的理由，
然后理直气壮地生气。
有智慧的人，
却能在任何事情中汲取养料，
增长智慧，
自然变得更有智慧。

出卖的代价

人把自己出卖给欲望之后，
得到一些享受，但要付出精力；
得到一些情爱，但要付出自由；
得到一些刺激，但要付出安乐；
得到一些风光，但要付出时间，乃至生命。

方便和不便

不知不觉中形成的依赖，
虽然带来方便，
但也带来不便。
因为失去依赖的时候，
你就会随之失去平衡。

连环梦

妄想不断在编织轮回的梦。
为了实现梦想，
我们疲于奔命，
不得休息，
到头来却还是在梦中。

麻　烦

有智商没智慧，
有情感没情商，
有财富没幸福，
有家庭没感情，
都是挺麻烦的。

自以为是

每个人都有理由自以为是，
那是个人权利。
但也必须承担自以为是带来的后果，
那是自作自受。

改　变

如果没有能力改变别人，
就先改变自己。
一旦自己真正改变了，
总能或多或少地影响到别人。

金玉其外

一味注重身体的外在装饰，
却忽略内在修养，
结果只能是金玉其外，
败絮其中。

富有的穷人

许多人对幸福的认识单一狭隘，
才会一叶蔽目，
意识不到自己拥有的福报，
结果成了富有的穷人。

在　乎

我们觉得很重要的事，
在他人看来并不重要；
我们觉得很好的东西，
他人未必也觉得好。
因为每个人在乎的重点不一样。

到底要什么

城里焦虑、浮躁、热恼，
山里悠闲、寂静、清凉。
可是，城市在不断扩大，
山林却在逐渐缩小，
人类到底想要什么呢？

理想

要名要利的人，
只能为了名利奔波操劳。
不要名不要利的人，
才能为高尚的理想而活着。

完美人生

衣食无忧，
有闲暇，
能够听闻佛法，
走在觉悟的正道上，
这样的人生很完美。

剩下什么

有句话叫“穷得只剩下钱了”，
如果只是个人现象也算不了什么，
但要成为一种社会现象的话，
那就太可怕了。
因为大家都在努力把自然资源变成产品，
变成金钱，
最后这个地球真就穷得只剩下钱了！

换个环境

陷入强大串习不能自拔时，
适当换个环境，
有助于调整内心，
所谓“当局者迷，
旁观者清”。
而当串习得不到原有环境的支持时，
也会逐渐弱化，
便于对治。

无明的产品

我们现在的人格，
其实是无明制造的产品。
你对这个产品了解吗？满意吗？

同归于尽

人类无尽的欲望，
不断地榨取地球资源，
直到同归于尽。

失　落

占有的满足，
是产生失落的根源。

高雅的执着

搞艺术的，
比常人更容易有宗教情怀，
却很难认真学佛。
因为他们活在一种高雅的执着中，
自我感觉良好，
所以不想也不容易突破自己。

标　准

我们制定了许多产品标准，
却忽略了做人的标准。
因为不重视做人的标准，
使产品标准也变得形同虚设，
这就是假冒伪劣产品充斥市场的主要原因。

谁管谁

管不住自己的人，
往往喜欢去管别人，
以此转移管不住自己的遗憾。
如果连别人也管不住，
就加倍地遗憾了。

漩　涡

轮回很像一个巨大的旋涡，
把相关的人和事都卷进去，
形成巨大的引力，
让你难以逃脱。

忍　辱

佛教所说的忍辱，
并非强压怒气。
而是通过智慧观察，
了解到伤害我们的不是某个人，
正是对方的烦恼。
人在烦恼中是不能自主的，
这种烦恼不仅伤害了你，
也伤害了当事者。
认识到个中道理，
就会从对立转为接纳，
从恼恨转为同情。

假冒伪劣

制造假冒伪劣的产品，
是因为人格中有假冒伪劣的成分。
如果张扬了假冒伪劣的不良习性，
最后就会成为假冒伪劣的人。
这样的人，
即使骗得了一时乃至一世，
终究是骗不了因果，
保不住人身的。

忙的惯性

一个人忙惯了，
最后就成了不怕累，
只怕没事干。
至于干什么，
反而变得不重要了。

摧　毁

有人拼命催着自己成功，
结果把自己摧残了；
有人拼命催着自己享乐，
结果把自己摧毁了。

环环相扣

生活观念，
决定了生活方式；
生活方式，
形成了生活标准；
生活标准，
影响了整个地球的生态环境，
也加速了人们为掠夺资源
而进行的争斗。

被认可的贪执

道德、能力和良好品行，
是美好而可贵的，
它会受到世人赞赏，
也会形成自我的高度期许，
让人产生贪执。
这种建立在自他认可基础上的贪执，
往往更难超越，
从而成为突破自我、追求真理的障碍。

功　课

上学、工作、成家、立业，
都是人生的重要功课。
如果带着学习的心态，
以此认识生活，
磨炼自己，
才能健康成长。

不必在意

每个人或多或少都被自己或他人 ps 过了。
所以不必太在意别人的看法，
那只是他们看到的。

依　赖

年轻时培养了太多的依赖心理，
老来更容易遭遇孤独。

胶　布

执着就像身上黏得太紧的胶布，
撕开时往往让人受伤，
甚至血肉模糊。

不轻信

每个人都是戴着有色眼镜在看世界，
不要过于相信自己的感觉。

信不信

月亮本身并不发光，
如果不具备相关知识，
恐怕谁也不会相信。
因为多数人只相信眼睛看到的，
而不相信认识不曾抵达的部分。

被　动

被动地出生，
被动地衰老，
被动地死亡，
生命在被动中延续。

经　历

有些人需要不断地去经历，
在他没有意识到问题时，
要帮助他改变是很难的。

不放下，就倒下
很累，
如果还放不下，
那就等着自己倒下。
你是选择主动放下，
还是被动倒下呢？

承　担

你可以选择自由，
但必须承担这种选择带来的后果。

无能为力

自己不想改变，
不做努力，
谁都没有办法救得了你。

业
佛教所说的业，
就像是一种电脑程序，
每个人都是
活在自己编写的程序中。

轮　回

轮回，
是需求、执着的发展和重复。

两　面

金钱是福报，
也是毒蛇。
如法求财，合理消费，
金钱可谓福报；
非法求财，挥霍滥用，
金钱不啻毒蛇。

一厢情愿

看不清人际关系中的善恶因缘，
容易活在一厢情愿中。

痛　苦

一个人只在乎自己的痛苦，
就会陷入痛苦的深渊。
只有学会关心别人的痛苦，
才会从个人的痛苦中走出来。

遗　憾

不要因为一时的风光，
造成身后的遗憾。

培　福

惜福能让福报持久使用，
培福能让福报可持续发展。

合法吗

财富是你所有，
地球资源是人类共有。
享受个人财富是合法的，
浪费人类的共同资源却是非法的。

价　值

富贵不等于幸福，
也不等于比别人活得更有价值。
身份不能决定人的贵贱，
行为的善恶才是判断标准。
平凡的生活，
只要健康并有益社会，
也很有价值，
也能获得幸福和乐趣。

误　差

态度很好，
工作很努力，
因为标准有问题，
结果往往很糟糕。

赚钱和用钱

赚钱不仅要有智慧，
更要有福报；
用钱不仅体现智慧，
更体现德行。

签　证

时间在一天天地消失，
你在这个世界的签证还有多长时间？
有没有做好随时离开的准备？

信以为真

有些人喜欢忽悠别人，
重复多了，
自己也信以为真，
结果把自己也忽悠了。

替　代

吃饭无法让人替代，
如厕无法让人替代，
生病无法让人替代。
同样，
解决生命内在困惑和烦恼，
也是别人替代不了的。
所以，我们必须学会自我拯救，
学会解脱烦恼的方法。

世间的比赛

看看谁的妄想最丰富，
谁做的梦最精彩。

莫羡人
每个人的业力不同，
福报不同，
各有因缘莫羡人。

自讨苦吃

世界是无常的。
生活在无明烦恼中的众生，
根本就不能自主。
我们唯有接纳各种现实，
才不会受伤。
如果一厢情愿地希望地球跟着你转，
那可要自讨苦吃了。

可贵的信任

人与人之间很容易产生误解，
如果再有一些别有用心的安排，
简直就糟糕透顶。
所以，
必要的信任显得特别可贵。
没有信任，
维护任何一种关系都是很辛苦的！

身份

身份只是
你暂时使用的一个面具，
不要太当真！

特殊身份

不要让特殊的身份，
使你失去做人的常态。

色　身

人死后留下的色身，
不及一片落叶可爱！

执　着

执着使人不舍，
无常却使人不得不舍。
执着使人一厢情愿，
浮想连翩；
无常却让我们必须放下幻想，
面对现实。

满　足

每个人根据不同的生活环境，
培养了不同需求。
只要不和别人攀比，
都可以从自身需求的满足中得到快乐，
没有贵贱之分，
没有高下之别。

幸福而自由

幸福是有条件的。
对于这种条件的执着，
会对人产生制约，
形成束缚，
从而使人失去自由。
唯有具备超然的心态，
才能幸福与自由并存。

折　磨

烦恼，
使许多人都在自我折磨和相互折磨中度过。
通常情况下，
我们总是责怪对方，
觉得那是带来折磨的原因。
其实，
真正的肇事者是烦恼而不是其它。

调整自己

我们要学会调整自己，
改变自己。
如果一味要求他人，
或是把希望寄托在别人身上，
那是非常辛苦的。

原地踏步

许多人的人生，
就像笼内的白鼠，
貌似在不停奔跑，
实际却还在原地踏步，
只是一味的低级重复而已。

无　常

无常，
揭示了世界真相，
说明一切都不是永恒的，
都是可以改变的。
它既能变好，
也能变坏，
关键取决于我们付出什么样的努力，
创造什么样的因缘。

慎独

独处时的行为，
一样会对你的生命产生莫大影响，
所以要慎独啊！

日复一日

有些人每天吃饭、睡觉、上厕所、
说些废话、干些无聊的事，
日复一日、年复一年，
究竟为了什么？
为了每天吃饭、睡觉、上厕所、
说些废话、干些无聊的事。

压　力

压力从哪里来？
往往来自过高甚至是盲目的期待，
当我们设定必须达到某个目标而出现障碍时，
压力就随之产生了。

拥有的负担

拥有，
同时也意味着负担。
正常的拥有不会带来伤害，
对拥有的执着才会造成伤害。

计白当黑

中国画讲究“计白当黑”。
其实，
人生也需要这样的留白。
留一些和自己相处的空间，
留一些什么都不做的闲暇，
不要急于让你的每一分钟都留下痕迹，
最后反而成了一片什么都看不清的墨团。

三种学问

人生有三种学问：
一是生存学，
二是生活学，
三是生命学。
生存学是探讨如何生存的问题；
生活学是探讨生活的健康和幸福；
生命学是探讨生命存在的永恒困惑。
它代表人生追求的三个阶段，
也代表生命的三种境界。

不稳定的爱

人间情爱是建立在渴求的基础上。
当你爱上他人的时候，
也是在建立对爱的渴求和执着，
这就要求双方形成对应关系，
并保持专注和稳定，
才能从中获得幸福。
但在这充满无常和诱惑的时代，
保有专注和稳定变得尤其困难。
所以，
今天的爱情会面临更多的不确定性，
得到幸福的难度也就更高。

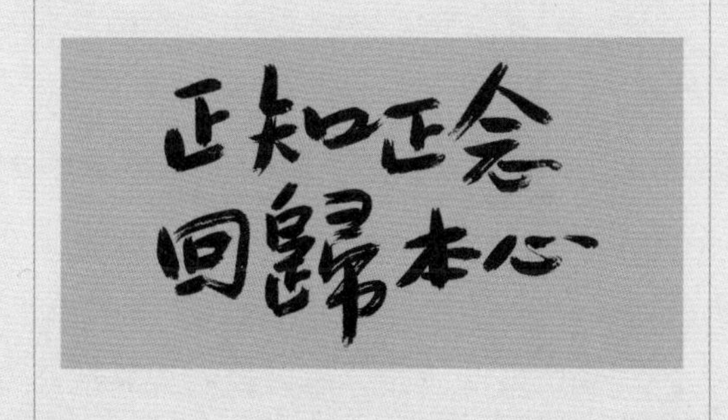
正知正念
回歸本心

不罢休

多数人都在疯狂地忙碌着，
似乎不把自己累坏，
决不善罢甘休。
这么做貌似很有为，
但这些行为的价值是什么？
给自己带来幸福了吗？
对社会健康发展有正向意义吗？

学习
对事情没有了解之前，
不要轻率地肯定或否定，
避免落入偏见或错误设定，
自误误人，
贻笑大方。
唯有时时保持学习的态度，
才能从中受益，
从中成长。

决　定

我们接受的教育和经历的生活，
无形中都在编织我们的认识和需求模式。
它决定了我们怎么看世界，
怎么选择生活，
也决定了我们会有一种什么样的人生。

悲　催

烦恼、业力形成了各种家庭关系、社会关系，
使人不断地自我折磨和折磨他人。
轮回就是这样一个相续不断的折磨过程。
悲催啊！

换位思考

人都很爱护自己，
但因为烦恼驱使，
常常做出自我伤害的行为。
同样，
他人对我们的伤害也来自于烦恼，
对方很可能是身不由己的，
所以应该心生怜悯，
而不是相互报复，
彼此伤害。

没有尽头

事情总是越做越多。
如果不能主动选择或果断放下，
这种忙碌的日子是没有尽头的。

审　视

审视一下我们每天的生活，
给未来生命的成长留下什么？
是财富，还是垃圾？

闲得发慌

为什么有些人会闲得发慌呢？因为他们一闲下来，
就找不到自我的存在感了。
为了证明这个“我”是存在的，
是有用的，
就得不停地做着什么，
玩着什么。

放　假

放假，
是用来满足平时被压抑的各种需求，
玩得疲惫不堪，
还是用来让疲倦的身心好好休息一下？
可是，我们还有能力放松地休息吗？

尊重生命

对待动物的态度，
体现了人类的文明程度。
如果对动物缺乏基本的关爱和尊重，
甚至随意虐待，
一旦掌握生杀大权，
对同类也不会心慈手软的。

一文不值

有人收藏了一辈子古董，
老来却为此烦恼。
这些东西貌似很有价值，
可在生死面前，
除了让你纠结不舍，
实际上一文不值。

理想化

不要过于理想化，
也不要活在自己的虚构中。
在这有漏的世间，
有问题很正常，
没问题才是超常的。

水到渠成
寻求正当的努力，
对于结果不要太在意。
如果因缘不具足，
着急也没用。
一旦因缘具足，
自然水到渠成。

知　足

幸福来自于满足感。
欲望越少，
越容易满足，
也就越容易幸福。
所以古人云：知足常乐啊！

妄　想

为什么现代人妄想特别多，
因为妄想的生存条件很优越。

看不惯

有时我们觉得别人庸俗，
看不惯，
不知这种想法正是来自凡夫心的傲慢。

珍　惜

在无限时空的无数生命中，
两个生命要发生联系，
是一件多么不容易的事，
所以要珍惜缘分。
珍惜，
善待，
但不执着。

消　耗

没有明确的人生目标，
生命就会在浮躁和混乱中消耗殆尽。

警　惕

警惕！
执着是在不知不觉中形成的。

没有信仰

有些人宣称自己没有信仰，
这说明什么？说明他并不清楚信仰是什么，
不清楚信仰对于人生的重要性。
同时也说明他对人生缺乏深层思考，
从未涉及生命存在的永恒困惑。

大自然说法

地震，
是大自然在说无常法。
永恒是一种幻想，
无常才是世界的真相。

邪知邪见

一个人虽然具备崇高的理想，
但对人生缺少正确认识，
而是带着邪知邪见，
终究会伤害到自己和他人。

有福和没福

没福报的人，
不能安贫乐道就很苦；
有福报的人，
如果贪着福报就很累！

隐　士

现代人做隐士，
多半是想做被围观并谈论的隐士，
所以很快就藏不住了。
如果当“隐士”也能成为一种行为艺术，
这个社会还有什么不能拿来消费的呢？

消　费

现代人的消费，
多半是为了消遣而浪费资源，
或者是浪费钱财来消磨时间。

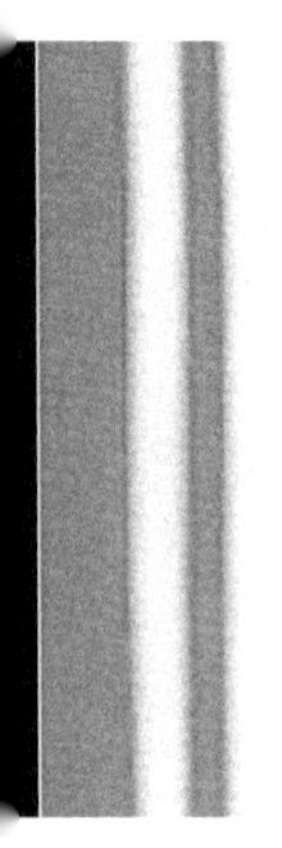

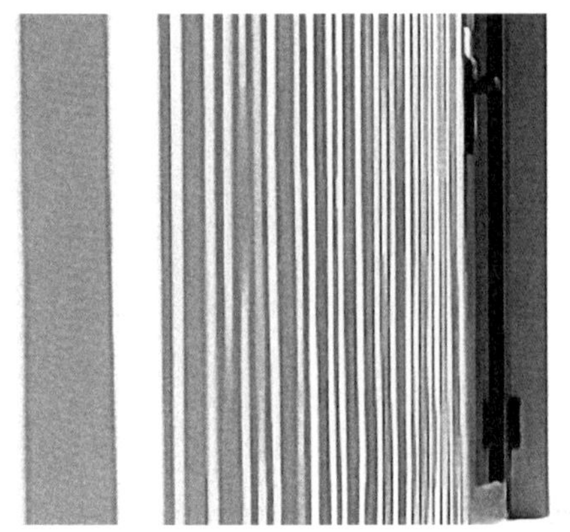

为难自己

不断提高生活标准，
简直在跟自己过意不去，
因为它使生存变得更艰辛，
使幸福变得更难得。
也许有了这个经历，
我们才能体会到知足常乐的好处。

吃　苦

许多人宁愿受不良习性支配，
在生活中吃尽苦头，
也不想学一些人生智慧，
主动改善自己的生命品质。

爱　情

爱情是一种心灵病毒，
一旦感染，
容易产生偏执和幻想的症状。

审时度势
随缘，
不是随意，
不是随便，
不是消极应付，
更不是放任自流，
而是要我们跳出主观设定，
客观地审时度势，
然后做出智慧的抉择，
并加以努力。

不同需求的结果

为满足自我而产生的需求，
就会产生贪执，
引发烦恼；
为了帮助大众而产生的需求，
能成就慈悲，
带来利益。

习惯
人总是在习惯中轮回。
如果没有能力摆脱固有惯性，
就别想过自在的日子。

骗 局

“我”是生命中最大的骗局，
无论我们如何为之卖命，
最后无不抱憾而终。
因为我们所认定为“我”的一切，
终究都要离我们而去。

谅 解

谅解，
是因为理解而彼此原谅，
因为原谅而彼此解放。

不贬值

如果价值来自于内在德行，
永远都不用担心贬值。
因此，
修身养性是人生最好的投资。

宽以待人

自己身上一大堆缺点，
却带着理想的眼光看别人，
谁也看不惯。
可你看不惯别人，
别人也看不惯你。
须知我们都是凡人，
充满烦恼，
存在这样那样的问题很正常。
我们应该相互理解、接纳，
彼此宽容、鼓励，
才能共同走出生命的迷惘，
走上觉醒之道。

风　光

世间的风光，
有时一阵风就吹光了。

落　叶

学会像落叶一样，
安静地躺在大地上，
看看天空和白云，
是一件很享受的事。

选择题

有些人在别人眼中很风光，
实际并不幸福；
有些人虽没有世人羡慕的富贵生活，
却享有简单而单纯的幸福。
你会选择哪一种？

辛　苦

现在人总觉得累，
因为他们用一种辛苦的方式赚钱，
再用一种辛苦的方式把它花掉。

事　业

有了事业，
很容易形成相应的执着。
一旦有了某种执着，
你就别想过清净日子了。

起　点

生命是无尽的积累，
每个人来到世界的起点都不一样。
明白这个道理，
我们才能平静地面对人生，
而不是怨天尤人。
同时也知道，
如何努力才能改善命运。

危险的支撑

如果全身心投入事业，
让事业成为人生唯一的支撑，
一旦事业垮了，
就会找不到活着的意义。
即便一切顺利，
也往往在退休后百无聊赖，
不知如何度过余生。
所以人应该有精神生活，
有信仰追求，
才能在事业变故或退休时减少伤害，
从容面对。

做大事

做大事有几大好处：
一是不容易失败，因为不容易成功；
二是不容易失业，因为短期内做不完；
三是不容易执着，因为找不到执着点；
四是做不好比较有借口，因为本来就不容易做好；
五是不用着急，如果因缘不成熟，
一个人干着急也没用。

梦　话

有些人做梦也想听到别人的“好话”，
所以最后听到的都是“梦话”。

慢乐
大家都在互祝快乐，
我看快乐不及慢乐！
快乐总是来去匆匆，
慢乐则能慢慢享受，
回味无穷。

左右为难

拥有自由的时间，
还要有自由使用时间的能力，
否则要把身心安顿好也是不容易的。
有些人上班时盼望假期，
而有了假期又觉得无聊，
不知该怎么过日子，
这是为什么呢？

爱 国

爱国不是一句口号，
而是应该热爱这片土地，
热爱生活在这片土地的人民，
热爱这个国家的优良传统。
由衷地这么想，
也认真地这样做，
才是真正的爱国。

没 谱

缺乏做人的教育，
人活得越来越没谱了。

心和物是什么

物质是什么？
物质有不变、不可分割的实体吗？
心是什么？
心有不变、不可分割的实体吗？
在心和物的世界中，
如果找不到不变、不可分割的实体，
这个世界存在的基础又是什么？

惜物
惜物就是惜福。
没有福报的话，
会活得很辛苦！

死亡列车

整个社会都在忙碌地制造需求、
发展需求和满足需求。
这些需求是必不可少的吗?
它对我们而言,
是增加了享受,
还是增加了压力?
大家都在拼命追求发展,
可发展的意义是什么?
如果搭上一列通往死亡的列车,
我们希望它开得快些，还是慢些?

发现问题

发现问题,
是检讨自己还是责怪他人?
思维方式不同,
产生的效果也大不一样。

可怕的“正直”

正直是值得赞赏的,
但正直的人如果认识有偏差,
缺乏正确的是非标准,
而又自以为是,
这样的正直却是可怕的。

广结善缘

多做善事,
广结善缘,
就会更有福报。
有了福报,
才会有更多的机遇,
更容易成功。

随　缘

佛教有句话，
叫作“因上努力，
果上随缘”。
也就是说，
在我们可以把握的部分尽力而为，
至于最终结果如何，
就顺其自然而不是一味强求。
倘能做到这一点，
不论面对什么，
都不会构成压力了。

快乐之道

生财有生财之道，
快乐有快乐之道。
富甲天下未必就能快乐，
唯有了解痛苦产生的原因
和究竟解除痛苦的方法，
才会获得真正的快乐。

保有独立

有的人很“无我”地爱上他人，
其实并非真正的无我，
而是把对方执以为“我”，
执以为一切。
因为太“无我”，
万一对方不再爱你，
就觉得活不下去了。
在这个浮躁多变的时代，
爱上一个人时别太“无我”，
而要保有一定的独立性，
否则会深受其害。

飞　船

地球像一艘飞船，
行驶在茫茫宇宙，
我们只是飞船上的暂时乘客。
不要以为自己可以永久地呆在这里，
赶紧考虑下船后上哪去吧！

福报减少

大地生长的瓜果蔬菜，
营养和味道都越来越差。
因为挥霍无度，
人类的福报正在逐渐减少。
人们貌似很富有，
却并不享受，
并不幸福。

绳子
贪执像根绳子，
把人绑在轮回中不得自由。

人类的教育

教育不该只是为了获得生存技能，
如果停留在这个层面，
可能还比不上动物界的教育，
因为动物的教育也讲究行为准则，
讲究同类间的相处之道。
作为人类的教育，
更应该重视正确价值观和世界观的建立，
重视健康人格及健康心理的养成，
这样才能保证国民的基本素质。

消　耗

生活条件复杂了，
会有许多琐事要处理，
大量宝贵时间就消耗在这些无谓的事中。
生命的意义在哪里？

这算慈悲吗

如果你支持他人无明的举动，
这算慈悲吗？

负　担

需求的满足，
在带来幸福的同时，
也会带来负担，
而负担时常淹没了幸福。

福　报

生活中，
很多人都被福报呛着了，
能够正确面对福报，
是需要智慧的。

命　运

对轮回的认识，
有助于我们更好地理解
人的天赋、缘分和命运。

纵　容

纵容不良需求，
好比养虎为患，
会带来无尽麻烦。

传 统

传统，
可能是优良传统，
也可能是陈规陋习。
缺乏辨别的智慧，
我们很可能成为它的受害者，
而非受益者。

清 福

洪福虽能带来某种满足，
却是很累人的，
还有这样那样的副作用。
清福则让人轻松自在，成本又低，
可惜多数人不会享受。

欲望的丛林

城市是欲望的丛林。
无明创造的各种需求，
使人欲罢不能，
却又心力交瘁。

累

吃多了，身体辛苦；
接受的信息多了，心灵疲惫。
生活简单才能身轻心安，
否则，怎一个累字了得。

装 饰

有些人在生活中充满佛教的装饰，
言行中却没有一点佛法的内涵。
这能算是佛弟子吗？

沉重
执着产生负担，
负担使人活得沉重。
放下执着，
也就放下了负担和沉重。

休　息

现代人总是喊忙，
总是喊累，
其实他们往往不是没有时间休息，
而是没有能力休息。

不再等待

生命不再等待，
你这一生还有多少时间可以使用？

增　值

有人说，
吃掉的是财产，
留着的是遗产。
而佛教认为，
财富享受掉就没了，
保存着也未必属于你。
唯有用于利益大众的事业，
才会长久属于你，
并不断增值。

套　牢

当我们有了某种强烈的需求时，
往往会把这种需要的重要性扩大了，
以为它是必需的，
结果就被套牢了。

自找麻烦

缺少如实的智慧，
跟着感觉走，
或是活在错误的想象中，
会给人生带来无尽的烦恼和麻烦。

拥有

拥有，
要懂得珍惜，
否则就会很快失去。
拥有，
更不能产生贪执，
否则就会带来巨大的痛苦。

主宰

需求和执着，
使许多无足轻重的东西变得无比重要，
也使许多从未有过的东西变得必不可少，
甚至主宰我们的一切。

菩萨和侠客

菩萨和侠客的不同在于，
侠客在除暴安良时，
往往疾恶如仇。
而菩萨则平等看待众生，
即使对恶人恶事，
依然保有慈悲之心。
哪怕给予严厉惩罚，
也是为对方的长远利益着想，
也是慈悲对方的一种方式。

偏　执

偏执，
使人活在主观的设定和期待中，
不能随缘面对一切。
远离偏执，
接纳现实，
才能随缘自在。

中　心

以自我为中心，
会增长我执我见，
带来贪嗔烦恼。
以三宝和众生为中心，
可以弱化我执我见，
成就慈悲智慧。

险　境

在今天这个喧哗的时代，
红尘滚滚，
诱惑重重，
加之缺乏道德底线和做人标准，
想要不犯错是很难的。
你，看清自己所处的险境了吗？

贵　贱

行为决定人的贵贱，
不是出身，
不是学历，
不是地位，
不是外在的一切包装。

变　质

因为夹杂着我执，
我们在不知不觉中，
就会把帮助演变为占有，
把奉献演变为索取。
在给他人带来帮助的同时，
也给自他双方带来很多潜在的麻烦。

人生追求

许多人有钱有势，
拥有的财富几辈子甚至几十辈子都用不完，
可他的追求还是停留在生存层面，
既不懂得如何健康生活，
也不知道怎样探究人生价值，
真是白白浪费了今生的福报。

无休止

死亡是恐怖的，
死了之后生命不能就此结束，
更为恐怖。
因为对有些人来说，
生命将无休止地痛苦下去，
没有尽头。

价值何在

有些人辛辛苦苦地赚钱，
既不能给自己带来幸福，
也不能造福于社会，
其价值何在？

脆　弱

当生活有了更多便利时，
我们却比以往更累，
也更脆弱。
我们依赖的支撑越多，
潜在的不安全因素也就越多。
因为在每一种需求中，
都伴随着需求无法满足时
带来的恐惧、不安和痛苦。

无所依

有位老先生来访，
说年轻时全身心投入工作，
退休后精神空虚，生活无聊。
白天无所事事，
晚上辗转难眠。
在一个忽视信仰和精神生活的社会，
这是必然出现的现象吧。

发展什么

如果发展是在加速世界毁坏，
我们还应该推动吗？
如果发展是在给人带来痛苦，
我们还应该追求吗？
发展本身并没有过失，
关键在于发展什么，
又如何发展。
可是，
人类是否有智慧建立正确的发展目标，
选择正确的行为方式呢？

供需关系

这个世界充满诱惑，
因为多数人都在通过制造诱惑获得利益，
或是通过被诱惑而排遣空虚。

异 化

出众的能力，
本是可贵的人生财富，
但若缺乏正确的价值观，
却很容易成为傲慢的资本，
甚至成为作恶的助缘，
不得其益，
反受其害。

财 富

我们的宝贵人身还剩下多少时间？
如何才能有效使用？
要知道，
这可是人生最大的财富啊！

副作用

我执我见太重的人，
当他贡献越大的时候，
由此带来的麻烦往往也越多。
因为贡献会被他当作我执的资本。

缘　分

世间存在各种各样的缘分，
这一切都不是偶然的，
而是往昔生命留下的痕迹，
也是众缘和合成就的机会。
看待缘分，需要客观；
选择缘分，需要智慧；
转化缘分，需要善巧。

自　私

自私使人变得渺小，
放弃自私，
也就放弃了渺小。

关心什么
孩子会问：
人死了去哪里？
天空有没有尽头？
长大了，
却只关心上学、工作、
结婚、生子。
而有些老年人，
整天关心的不过是三餐而已。
真是小孩关心大问题，
大人关心小问题。

打　工

我执形成了自己特定的认知模式，
来为它的存在服务。
我们似乎每天都在为自己打工，
可是，这个自己是“我”吗？

合格的人
生而为人，
只代表我们取得做人的资格，
但要成为合格的人，
还得不断学习，
学做人，学做事。
古圣先贤都重视做人的教育，
以此为人生根本，
也是做事的基础。
时下的教育只管做事而不管做人，
正是一切问题产生的根源。

愚人节

无明中的众生每天都在过愚人节，
因为他们把荒谬的生活过得津津有味。
愿我们早日摆脱愚痴带来的种种荒谬，
做一个活得明白而有意义的人。

成　功

不忘初衷，
坚持信念，
持之以恒，
这种人成功的概率比较高，
可是如果认识有问题，
这种成功就未必可取，
甚至可能是有害的。

攀　比

攀比会引起竞争，
竞争会增长我执，
从而制造对立，
不利于社会的和谐安定。

轻　松

学会有选择性地偷懒，
可以让生活变得轻松些。

情爱和慈悲

建立于自我需求的爱，
只是凡夫的情爱。
唯有超越自我需求，
从众生的利益出发，
才能生起无限的慈悲。

是　非

偏听偏信，
片面认识，
容易对人产生误导。
如果再加以传播，
就会成为是非。
所以，
不要传播不确定的消息，
不要批评或遣责没有把握的事，
或者讲一些容易引起纠纷的话。

轮回的主角

轮回是以我执为主角，
以贪着为依托。
了知无我，
解除贪着，
就能止息轮回。

死路一条

虽然人生下来都是死路一条，
但怎么死法，
却是完全不同的。
你，
会怎么面对那一天呢？

轻　信

不要听到一些传言，
就轻率地相信或作出评判。
语言有极大的片面性和欺骗性，
不少人正是利用语言的这种特征达到个人目的，
同时也有不少人因此受到伤害。

信　任

在人与人的关系中，
不预设，
不猜疑，
真诚坦荡，
相互信任，
才能建立长久的善缘。

不惜代价

整个社会都在追求发展。
为了发展，
不惜破坏生态，
甚至摧残身心，
这种交换值得吗？
我们是否应该重新思考一下发展的意义？

换个活法

习惯的生活方式，
给人稳定、安全的感觉。
换个活法，
也许人生更精彩。

身 体

身体只是这期生命的工具，
使用期是有限的。
我们既要认清它和我们的关系，
不可执以为“我”，
又要悉心维护，
合理使用，
使之正常工作，
为实现暇满人身的重大意义而服务。

好 死

死和生不可分割，
谁都无法逃脱。
好死，
古人列为五福之一，
是美满人生的重要组成部分。
学会面对死亡，
是人生的重要功课，
应该认真准备，
免得临终时手足无措。

娱　乐

娱乐，
就是找点乐子来愚弄一下自己，
好把人生挥霍得更快些，
更容易些。

大力士

睡眠的力气很大，
能力再大的人也要被打倒。

生　病

生病，
说明身体会坏，
也说明身体并非我们可以完全自主。
这是无常的提醒，
也是修行的增上缘。

进步的机会

任何改变，
都是一次进步的机会。

文明的背后

高度文明的背后，
是高度的无明。

扮　演

不少人学佛之后，
很善于扮演佛教徒。
这固然没什么不对，
但若把功夫都用在表面，
就本末倒置了。

复 杂

人事纠纷总是错综复杂，
谁对谁错，
单凭一面之词，
很难做出正确判断。

福报五事

如何面对福报？
一、不沉迷于福报；
二、不让福报成为不善心行的助缘；
三、不要只做福报的消费者；
四、要惜福；
五、多做善事，
播种福田，
让福报可持续发展，
最终成为菩提资粮。

是非不分

没有大是大非的观念，
很容易根据感觉和眼前需求建立是非。
而感觉和需求是变化的，
这个是非也会随之变化，
最后变得是非不分。

发 展

到处都是工地、商店、厂房，
人人都在谈业务，搞交易。
人心浮躁不堪，
社会忙乱无序，
这就是所谓的发展吗？
这就是我们要追求的幸福生活吗？

业力

业力，是身体、语言、思想活动后
留下的心理力量，
它造就了我们的心态和人格，
也决定了未来生命的延续。

言行
言行，体现了生命素质，
也造就了生命素质。

羡慕

住别墅，
吃有机蔬菜，
喝干净的水，
呼吸新鲜空气。
有田地，
可以种菜，可以种茶；
有闲暇，
可以听风、听雨。
夏日午后，
林下纳凉，喝茶，聊天；
夜宿凉台，观星，赏月。
这是城里有钱人向往的生活，
却是有些山里人的普通生活。
山里人如果能认识到
这是一种理想的生活条件，
就不会羡慕城里人了。

奢侈品和易耗品

时间，
是限量版的奢侈品，
也是不知不觉就挥霍一空的易耗品。
你把它当作奢侈品的时候，
人生会因此而增值；
你把它当作易耗品的时候，
人生就因此而折旧，乃至报废了。

广义的亲情

一个献身于大众事业的人，
对亲情的依赖会相对减少，
因为他把社会大众当作亲人了，
这是一种广义的亲情观。

减　压

需求和执着给人带来无尽的麻烦和压力，
减少需求和执着，
也就减少了麻烦和压力。

忙着浪费

大好时光在忙碌中度过，
也是挺浪费的。

甘　愿

为什么很多人甘愿做事业的奴仆？
因为他们虽然干的是奴仆的活，
却享有主人的风光，
可以让自我的重要感得到极大满足。
因此，
即便再苦再累，
也在所不辞。

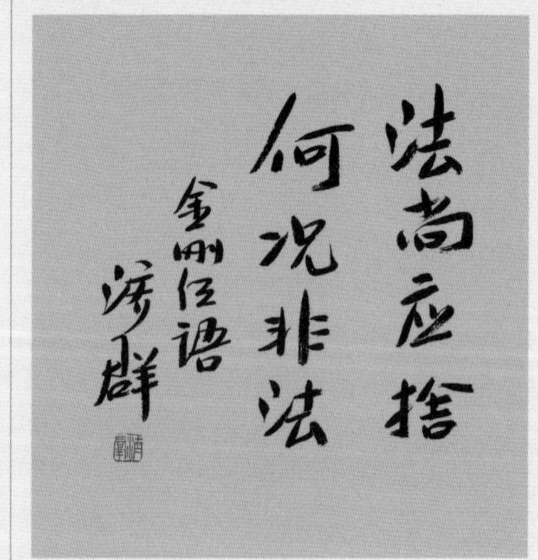
法尚应舍
何况非法
金刚经语
济群

人身难得

意识到死亡与无常的威胁，
就会抓紧时间，
选择对生命成长有价值的事，
而不是整天忙于俗务，
或者用各种娱乐打发时间，
活在习惯性的麻木中。
须知，
人身是很难得的！

红尘中

有专家来访，
交流了一些佛学及人生问题，
随行的一位学生听了谈话说：
“我开悟了！千万别，
我的红尘生活才开始呢。”
其实，学佛并不一定要放弃红尘，
而是帮助我们更有智慧地生活，
包括在红尘中。

糟　蹋

废话就是人生的头屑，
再好的形象也会被它糟蹋了。

理性审视

不要因为观点和自己相同，
就欣然接受；
也不要因为看法和自己相异，
就产生排斥。
应该学会理性地审视一切，
包括面对自己。

有药可救

一个人无论多坏，
只要懂得羞耻，
说明还是可救的。
因为，
羞耻心是道德建立的基础。

致富之道

生活简朴，
节约开支，
也是很好的致富之道。
当内心没有匮乏感的时候，
你就是最富有的人。
反之，
即使坐拥天下，
也是穷人一个。

死生如昼夜

死生如昼夜。
一般人只考虑生，
从不关心死。
一旦死亡降临，
就会不知所措。
对生的执着不舍，
以及不知死后去向的恐惧，
使人对死亡充满抗拒，
最后也只得无奈离去。
如果有信仰，
在临终时有心理引导，
不做无谓的抢救和抗拒，
才能安然离去，
否则往往死得很惨。

取舍

我们创造了很多方便，
带来了舒适的生活，
但也因此制造了
过多依赖，
造成心灵的不自由。
如果舒适与自由
不能兼得的话，
你会选择什么？

执着会成为期待

执着会成为期待，
期待得不到满足，
就会成为伤害。
有不少父母为子女过多付出，
对子女的执着很深。
当他们进入晚年时，
如果不能得到子女的孝敬，
伤心就在所难免了。

相信谁

在这个时代，
我们应该相信谁？
我们还能保有正确的判断力吗？
我们究竟活在一种什么状态中呢？

片面

一个再好的人也有缺点，
如果有人别有用心地夸大他的缺点，
很可能被视为坏人。
相反，
一个再坏的人也有优点，
如果有人片面渲染他的优点，
很可能被当作好人。
人的认识和语言都有很大的片面性，
所以要用智慧加以判断，
否则，
每天都会活在自我欺骗和被欺骗中。

暂　居

人类只是地球的过客，
家庭只是暂居的旅店。

率　真

做人率真些、傻些，
可能会更可爱。
过于世故精明，
虽然看起来样样周到，
但有时反而会让人恐惧，
乃至生厌。

不　如

有很多食物但没有胃口，
有很多享乐但没有心情，
不如生活简单，
胃口好，
心情好。

金刚怒目

慈悲未必要事事顺从，
也未必是和风细雨。
为了降伏暴恶众生，
令其停止自害害他的恶行，
同样可以表现为金刚怒目，
给予严惩。

真诚的力量

真诚、善良是有力量的，
也是社会需要的。
真诚、善良的人，
终归会得到大家的认可和爱戴。

要什么

有些人拥有用之不尽的财富，
可以随心所欲地购买物品，
但就是买不到幸福。
有些人拥有炙手可热的权力，
可以随心所欲地支配他人，
但就是对自身烦恼束手无策。
有些人拥有自由自在的内心，
面对任何境界都能随遇而安。
你希望选择哪一种人生呢？

眼前和未来

从人类的眼前利益来看，
似乎发展是硬道理。
从生态环境的平衡来看，
或许不发展才是最好的发展。
如果盲目追求发展，
速度越快，
也可能毁灭得越快。

春　运

春运，
很多人被运来运去，
是看得见的亲情，
也是看不见的执着。

月光和灯光

今天这个时代，
月光仿佛被灯光稀释了。
我们难以看到月光的清凉，
也不再感受这种清凉的抚慰。

事与愿违

有些人具备优秀的素质，
对社会也有良好的愿望，
但因为认识的偏差，
他的努力并不能给社会带来正面意义，
甚至还有不少负面作用，
真是令人遗憾。

不枉生而为人

有校长来访，
他说："几十年来为身份、
为工作忙忙碌碌，
现在退休，总算可以做人了。"
能够想到做人，
就不枉生而为人了。

改变生活方式

工业文明给人类带来的最大影响，
是生活方式的改变。
这种生活虽然丰富便利，
却在短短百年间消耗了地球的大量资源，
使生态环境迅速恶化。
同时还带来快节奏和高压力的生活，
不利于心灵健康。
所以，
无论是提倡生态环保还是心灵环保，
都必须从改变生活方式入手。

态度和方法

在修学中，
有了真诚、认真、老实的态度，
才能与法相连；
有了理解、接受、运用的方法，
才能于法受用。
否则，
无论如何用功，
都难逃凡夫心的掌控，
反而会把凡夫心武装得更高级。

理　性

理性是双刃剑，
既能使人得到提升，
也能将人导向毁灭。
所以，
接受智慧的认识，
建立健康的理性，
对人生极为重要。

因材施教

为人父母，
往往望子成龙。
但若不顾实际情况，
一厢情愿地希望孩子成为什么样的人，
结果会令彼此都很痛苦。
不要把自己的期待强加于孩子，
更不要把自己未曾实现的理想转嫁给孩子。
教育需要启发和引导，
而不是任意干预。

能量有限

身体的能量是有限的，
使用多了，终归会累；
操作不当，往往会病。
了解身体的性质以及它和我们的关系，
合理使用、注意维护并定期保修，
同时也要坦然面对它终将报废的那一天。

随喜功德

对他人的善行和成就，
由衷地欢喜赞叹，
可以弱化我执，
对治嫉妒，
同时还能产生种种功德，
是为随喜功德。
学会随喜，
可以让社会减少对立，
增进和谐。

轮回是苦

如果一个人建立了某种不良串习，
他的麻烦是没有尽头的，
真是轮回是苦啊！

能　力

检讨自身过失，
随喜他人功德，
这是我们应该学会的能力。

出　偏

如果人生观出了问题，
无论自以为走得多么正，
终究不是在正道上，
因为方向早就出偏了。

貌似真实

有些人总是活在幻想中，
努力追逐幻想的影子，
并成功地欺骗了自己，
貌似真实地活着。

谨　言

说话的时候，
要考虑一下会不会伤害到他人，
谨防因为口业结下怨仇。

多听听

不要太执着于自己的是非观念，
多听听别人的想法，
所谓“横看成岭侧成峰，
远近高低各不同”。

随　喜

对自我的执着，
使我们只在乎自己的感觉，
只欣赏自己的长处，
无视甚至嫉妒他人的长处。
随喜，
就是放下自我执着，
关注他人的存在，
欣赏他人的长处。
这有助于我们打破自他隔阂，
全然接纳他人。

成　功

如果有事业、
有地位才是成功人士，
是否意味着普通人就不成功呢？
这样的价值取向必然会让人失去平常心，
不能平等相待。
反过来，
也使那些受追捧的“成功人士”，
很难有平常心看待自己的成功。

惰　性

惰性，
也是堕性。
如果堕入贪嗔痴不能出离，
就会成为凡夫。
唯有舍凡夫心，
发菩提心，
才能超凡脱俗，
成圣成贤。

布施的作用

布施可以破除自身悭贪，
解除内在匮乏，
开显生命的富有。

习以为常

行为产生习惯，
惯性形成惰性。
有了惰性，
使人对一些平庸的生活习以为常，
不思改善。

唯一财产

财富、地位、家庭、事业和我们只是暂时的关系。
业力，
才是此生能留下的唯一财产，
它将推动生命继续轮回。

主仆不分

不少做事业的人，
俨然以为自己是事业的主人。
我看他们每天身不由己地忙忙碌碌，
有条件要做，
没有条件创造条件也要做，
倒更像是事业的仆人。

惑 业

轮回的本质是惑业。
真切认识到惑业的过患，
必然愿意生起出离解脱之心。

尊重生命
为何要戒杀吃素？
认识到动物也有独立的生命，
也和人类一样好生恶死，
将心比心，
我们就应该尊重生命，
爱护动物，
这才是文明社会的表现。

平等和差别

佛教提倡众生平等，
但这种平等并不抹杀差别，
因为人是具有可塑性的。
为什么每个人的天分有所不同？
正是因为生命起点的差异。
这个起点是我们在过去生造就的，
而今生的积累将奠定未来的起点。

黑暗中的光明

高尚信念是一面很好的旗帜，
很容易被一些别有用心的人利用。
小心，
别被忽悠了。

所知障

如果你内心对佛法并没有真实受用，
但无论听什么法，
都觉得“我知道”的时候，
就很难进步了。

设身处地

帮助别人时，
应设身处地，
考虑一下对方的实际需要，
不要强加于人。

恶　报

在轮回中要混得好，
福报不可或缺。
但若缺乏人生正见及相应德行，
福报就可能成为作恶的助缘，
不仅给社会造成危害，
也给自己带来恶报。

酒之过

酒在佛教中之所以被戒，
因为它容易成为犯戒乃至犯罪的帮凶，
同时也会助长无明，
使人丧失理智，
不利于智慧开展。

微生物

佛陀发现微生物，
说一钵水有八万四千虫；
说人体是虫聚，
有不计其数的寄生虫依附其间。
所以，喝水时要念佛诵咒，心怀救度；
吃饭时也要观想给身上的寄生虫提供营养，
使它们得以生存。

众生平等

印度传统宗教有造物主的观念，
认为人类天生存在种姓差别，
等级森严。
释迦牟尼证道后，
否定造物主，
反对种姓差别，
提出一切众生都有佛性，
人人平等。
在佛性上，
佛与众生是平等的，
只因迷悟之别，
才有心念、行为的不同，
才有生命形式的差异。

关　爱

单纯的关爱是美好的，
有贪执的关爱却是麻烦的。

仇　恨

仇恨不能消除仇恨，
唯有慈悲才能化解仇恨。

自知之明

缺少自知之明，
就会自以为是。
自我感觉太好，
只能令人生厌；别人觉得你好，
才是可贵的。

才大气粗

有人财大气粗，
也有人才大气粗。
前者往往让人不以为然，
后者却因为得到默许和纵容，
结果这个气就一发不可收拾了。

缘有善恶

父子关系是缘，
夫妻关系是缘，
有善缘也有恶缘。
所以，相亲相爱有之，
相互折磨亦有之。
不过缘是可以改变的，
只要我们心怀包容、善良和爱，
恶缘也会转化成善缘。

无法无天

良心和法治是维系社会安定的保障，
不讲良心，
不重法治，
社会就无法无天了。

虚幻
面对老病死，
青春、健康及荣华富贵，
显得多么虚幻。

调整关系

父母的控制欲太强，
儿女往往会成为其错误想法的牺牲品，
这也是共业造成的。
不要彼此抱怨，
更不要互相对抗，
那只会使双方继续纠缠下去。
唯有顺应因果，
接纳对方，
才能在理解的前提下调整关系。

迷　失

传统并非都是优良传统，
如果没有足够的智慧，
我们很有可能成为陈规陋习的牺牲品。
现代文明也并非都是精华，
伴随人类贪嗔痴所产生的各种糟粕无孔不入，
让人迷失自己，
活在一片混乱之中，
看不清未来。

真　话

这个世界有太多的假话，
是人与人失去信任的重要原因。
诚实、说真话，
才是建立社会信任的基础。

道　德

道德是指善的行为，
其性质是远离杀盗淫妄等不善行，
并能带来利益和快乐。
道德的内涵，
包括制止不善的行为，即诸恶莫作；
实践利他的善行，即众善奉行；
净化内心的烦恼，即自净其意。
道德的行为，
可以使自身生命得到提升，
同时成就自他和乐的社会。

中　道

有些人浑浑噩噩地活着，
只要没遇到重大挫折，
也能乐在其中。
有些人虽能看到世俗生活的荒谬，
却找不到生命的意义所在，
反而活得更加痛苦。
学佛，
既让我们看到世间的虚幻，
更令我们认识人生的意义和目标。
有否定也有肯定，
有舍弃也有追求，
是为中道。

拖　累

需求比财富多，
即便富有，也不容易满足；
负担比荣誉大，
即便风光，也不容易快乐。

两　面

权力、地位给人带来自由，
也带来不自由。
爱情、亲情给人带来幸福，
也带来不幸。
一般人只看到自由、快乐的一面，
智者则如实知其苦乐。

企业的价值
企业的价值，
不仅在于创造物质财富，
也包括企业家的心灵成长，
以及企业对社会的贡献。

迎财神

现在的人特别热衷于迎财神。
财神在哪里？其实在心里。
每个人内在的仁慈之心便是财神。
迎财神，
应该是开启仁慈之心，
多行利他之事，
积极培植福报，
这才是迎财神的有效途径。
如果只会烧高香、放鞭炮，
不过是满足一下发财的心理而已。

远大志向

缺少远大志向，
就会执着短期需求，
陷入眼前利益，
斤斤计较，
频生烦恼，
把大好光阴白白耗费在各种琐事中。
所以，
儒家强调立志，
佛教提倡发愿。

珍惜福报

福报，
不单纯是物质财富。
青春、健康、美丽、家庭和谐、
环境舒适、富有智慧、
具足爱心、心态良好、人见人爱、
有闲暇修学佛法等，
都是福报。
我们应该培养并珍惜这些福报，
才能处处感受到人生幸福。

看清方向

发展和进步似乎都是积极、正向的表现，
值得鼓励。
可是，如果方向或手段错了，
结果将是可悲的！
因此，我们不要被一些概念所迷惑，
而应了解它的实际内容。

莫使理想成空想

当现实和理想距离较大时，
接受现实，保持理想。
进一步，改变现实，追求理想。
那么，你会不断接近理想。
如果一味抱怨，
不仅于改善现实无益，
也会与理想渐行渐远。
一个终日抱怨的人，
会被自己的抱怨越裹越紧，
结果把理想晾在一边，
成了空想。

怎么做保险

保险具有互助、保障、自利利他的内涵。
如果从业者具备利他和服务社会的精神，
不仅有助于自身的心灵成长，
也能得到社会的认可和尊重。
如果纯粹以个人利益为导向，
不仅做得辛苦，
还会把心做坏，
更难被社会大众所接受。
所以，关键不在于做什么，
而在于怎么做。

佛告迦叶譬如假摩尼
琉璃珠聚如好高山不以
一真摩尼琉璃珠迦叶
如是假使一切聲闻辟
支佛不能以一初发菩
萨

涛群

体制和教育

一个健康的社会离不开两件事:
一是健全的行政体制;
二是良好的教育制度。
社会如同机器,
体制是代表机器结构,
而教育是加工合格的零件,
即保障国民素质。
如果结构不合理,
零件不合格,
这台机器势必会频繁出现故障。

家　庭

家庭存在的价值,
是在经济上相互支持,
在情感上相互关爱。
家庭和谐的关键,
是相互理解并尊重,
而不是以自我为中心。

各司其职

清明的政治，
可以为人们提供良好的生活环境，
使之安居乐业；健康的宗教，
可以为人们解决内心的种种困惑，
建立道德行为，
找到人生归宿，
使内心得以安宁，
社会得以安定。

资　本

能力很容易成为不良串习生存的资本。

观　念

价值观和人生观似乎是哲学问题，
与生活无关。
其实，
它时时都在影响我们的
判断和选择，
决定生命的品质和走向。
如果不能建立正确观念，
势必会被由个人经验和社会潮流
形成的价值取向所左右，
你的未来在哪里，
可就没准了。

欺骗和诚实

欺骗会引来欺骗，
诚实才会招感诚实。
骗人虽可得逞于一时，
诚实方能有长久之信誉。
播下什么种子，
就会长出什么果实。

自寻烦恼

一个人要自寻烦恼，
总能找到烦恼的理由，
然后理直气壮地烦恼。

无　力

无明太给力了！
想要解脱就会变得很无力。

时间怎么花

有人到山中古寺住了两天，
感慨道："时间这么多，怎么花啊！"
我们平日的时间是怎么花掉的，
你想过吗？

障　碍

智商本来是一种能力，
但若接受了错误观念，
就可能被误用，
形成邪知邪见，
成为认识真理的障碍。
常常智商越高，
形成的障碍越坚固。

以什么心来做

以利他之心做好本职工作，
不论所做的是什么，
都能让生命得到提升。
而那些自私自利者，
即使身居高位，
家财万贯，
也只是贪嗔痴的傀儡而已。

如法

发心虽然重要，
行为的如法性也很重要。

因缘所成

缘生缘灭，
缘聚缘散，
世界遵循因缘因果的规律发展。
只要找到真正的成因，
辅以相应的条件，
没什么事不能成办。

错　觉

从缘起的智慧看，
一切事物都是依条件而产生，
不能独自存在，
也找不到固定不变的特质（无自性）。
我们所依托的自我，
以及赖以支撑的世界，
只是由条件和关系变化而来的假相。
而我们对这一切所产生的实在感，
只是迷妄的错觉而已。

怀疑的精神

文化、风俗、习惯，
虽然有智慧的火花，
但大多是无明的产物。
如果我们以为这一切理所当然，
不假思索地接受，
很可能成为它的牺牲品。
所以要具备怀疑的精神，
以智慧审视一切，
然后有选择地接受。

因缘所生

佛陀两千五百年前就提到，
宇宙是无始无终的存在，
其中有十方微尘数世界，
成住坏空，
缘生缘灭。
佛教认为世界不是神造的，
也不是偶然的，
而是遵循因缘因果的规律，
无尽地延续。

微媒体

微媒体，
使人充分利用时间碎片，
也使人把整块时间变成碎片，
无法长时间地专注做一件事，
甚至不能心无挂碍地享受闲暇时光。
微媒体，
是让人有效地利用时间，
还是快速地消耗生命呢？

坚　持

学佛贵在坚持，
但这种坚持
是“摆脱错误，重复正确”。
如果把错误习惯坚持下来，
就麻烦大了。
所以闻思正见非常重要，
这是帮助我们辨别是非的标准。

简单而奢侈

自由是很简单的，
谁都有机会争取；
自由又是很奢侈的，
不是谁都有能力享用。

福报不等于幸福
有福报，
还要有享用福报的能力，
才能带来幸福。
许多人有了福报，
却没时间也没心情享用，
依然日夜操劳，
疲惫不堪。
更糟的则是滥用福报，
非但不能带来幸福，
还有损身心，
后患无穷。

生存、生活和生命

生存相对简单，
生活比较复杂，
生命非常深奥。
了解生存意义，
认识生活智慧，
探究生命真相，
这样的人生才是圆满的。

恶性循环

发展科技是为了更好地改善生活，
改善物质世界。
可随着科技的高度发达，
人类的欲望开始膨胀，
世界的变化也开始失控。
究其原因，
主要在于道德未能同步，
从而使科技成果被贪婪所利用。
与此同时，
它又纵容了贪婪的增长，
使之进入相互利用的恶性循环。

反腐之道

政府提倡反腐，须知，
腐败之源在于内心的贪嗔痴。
因痴而贪财、贪色、贪权，
因痴而引发是非、矛盾、争斗。
唯有勤修戒定慧，
才能平息贪嗔痴。
戒是遵纪守法，过着简朴的生活；
定是培养正念，获得抵制诱惑的能力；
慧是洞明世事，享有内心的自足。

活　法

有人说：
我不要过着赚钱、花钱、等死的生活，
我要寻找人生的意义。
也有的人，
一生都在制造需求和满足需求的轮回中度过，
从来不曾想过，
人生竟然还有其他的活法，
其他的意义。

升　级

在生活中修行，
面对越复杂的境界，
好比运行越大的软件，
对电脑配置的要求就越高，
不然就容易死机，
或根本运行不了。
所以我们必须及时给心灵升级，
否则，
在座下是用不上功夫的。

贱卖信仰

宗教为经济建设服务，
并非把寺院变成一家商店或一个工厂，
直接产生经济效益，
而是发挥宗教净化人心的功能，
为经济发展提供和谐稳定的社会环境。
现在不少地方把名山寺院变成景区，
大搞旅游开发，
甚至巧立名目，
贱卖信仰，
这不仅影响佛教的健康发展，
也使宗教丧失教化社会的功能，
令人叹息！

看重什么

有人看重财富，
有人看重地位，
有人看重名牌，
有人看重品德，
这是体现价值观的不同。
古人关于三不朽人生中的“太上立德”，
说明品德的价值高于一切，
值得深思。

各就各位

在佛教中，
任何一个出家人抵挡不住红尘诱惑，
不想继续过出家生活，
只要通过正常手续舍戒返俗，
也是合法的。
他们今后还可以再出家，
乃至再返俗，
男众可多达七次。
关键是，
为僧期间如法如律，
返俗之后尽职尽责。

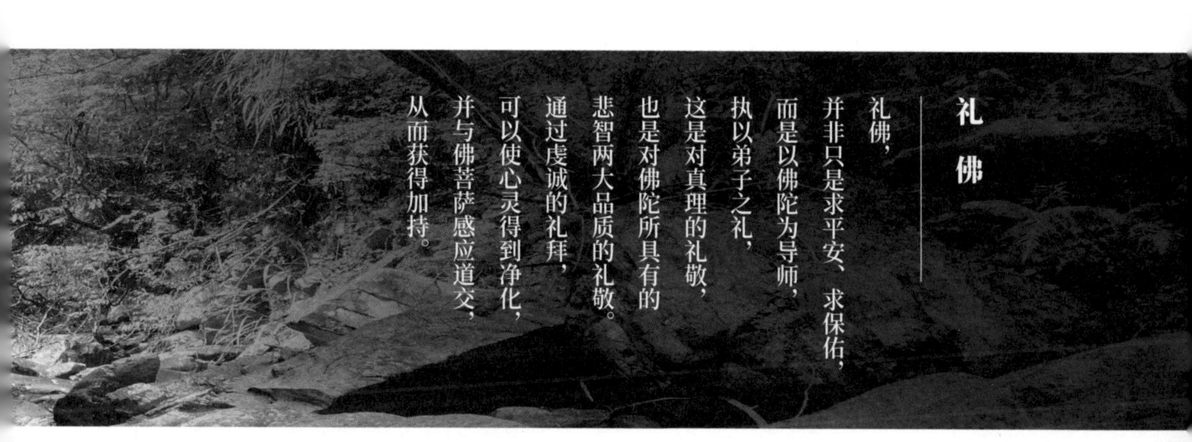

礼佛

礼佛，
并非只是求平安、求保佑，
而是以佛陀为导师，
执以弟子之礼，
这是对真理的礼敬，
也是对佛陀所具有的
悲智两大品质的礼敬。
通过虔诚的礼拜，
可以使心灵得到净化，
并与佛菩萨感应道交，
从而获得加持。

假和尚

眼见未必为实，
穿着僧装也未必就是出家僧人。
这是一个充斥着假冒伪劣产品的时代，
自然也少不了假和尚。
他们装扮成僧人，
或四处化缘，或占据寺院，
为谋取利益而践踏信仰，
真是社会的悲哀！

谁之过

敬香，
原本是为了净化心灵，
净化环境。
而现在的各种劣质高香，
带着浓厚的商业色彩，
烧起来浓烟滚滚，
污染环境，
污染身心。
许多寺院都成了这些香的重灾区，
僧人、信众乃至游客都成了受害者，
这是谁之过？

敬　香

对佛菩萨表示虔诚未必要烧香，
虔诚恭敬之心就是一瓣心香，
是对佛菩萨的最好供养。
如果烧，
宜选择优质好香，
点一至三根即可。
至于要花数百甚至数千元烧高香，
把寺院搞得乌烟瘴气，
还说能得到菩萨保佑，
简直荒唐，
绝非如法寺院所为，
切勿上当。

逆水行舟

从轮回道中走出，
就进入菩提道；
从菩提道上掉队，
又将回到轮回道。
修行如逆水行舟，不进则退；
又如一人与万人战，
不是你死就是我亡。

轮回之链

生死轮回是印度宗教哲学的核心问题。
佛陀出世，
在以往各种宗教经验的基础上，
总结他们存在的不足，
以缘起的智慧，
发现了轮回开展的规律——十二因缘，
并提出解除轮回之链的秘诀——八正道。
这是我们理解整个佛法的关键，
不可不知。

狂心顿歇　歇即菩提

心有迷惑烦恼，即是此岸；心无迷惑烦恼，便是彼岸。
此岸与彼岸，不是时空的距离，而是心理的距离。

归零

无为，
是让心恢复到不造作的初始状态，
也就是归零。
这里宁静自在，
又大有作为。
碌碌无为，
则是内心混乱，
终日忙碌却无所作为。
所以，
要无为而不要碌碌无为。

心如虚空

真正的自由

一个人不仅要追求环境的自由，
更要追求心灵的自由。
如果没有心灵的自由，
即便拥有再自由的环境，
也不能体会到真正的自由。

谁来当家

心灵世界有各种角色，
谁在线就谁当家，
你愿意把命运交给谁呢？
是让嗔恨心成为主角，
搞得你死我活，硝烟四起；
还是让慈悲成为主导，
自他和乐，安定祥和？

管理环境

管理好生活环境，
有助于心灵环境的管理；
管理好心灵环境，
才能更好地管理一切环境。

凡夫心

能干的人，
如果不是很有智慧，
往往是凡夫心特别发达，
可以成为一个优秀的凡夫。
但要学佛，
还得从零开始。
如果执着世间的身份和能力，
执着让自己获得成功的凡夫心，
就会成为修行的障碍。

浮 躁

浮躁，
就是混乱的心念此起彼伏，
就像漂浮的羽毛一样，
上下翻飞，
躁动难安。

安静的心

安静的心，
无欲无求，轻盈通透。
躁动的心，
四处攀缘，疲于奔命！

进和退

太多的情绪，
覆盖了纯真的情感；
太多的知识，
淹没了先天的良知。
世界在向前，
人心却在退堕。

烦恼源头
对『我』和『我的』的贪执，
是凡夫心建立的基础，
也是八万四千烦恼产生的源头。

平等自安乐

好恶心太强，
必然和他人形成对立，
也容易引起对方抵触。
多一分平等，
就多一分安乐；
多一分理解，
就多一分宽容。

相对稳定

我们喜欢熟悉的环境，
是因为那里相对稳定，
没有让我们重新认识自己乃至磨炼习气的对境，
就能心安理得地继续自欺。

念念无常

心，
念念都是无常。
拥有这样的心，
生活在同样无常的世界，
却总在期盼永恒，
何其辛苦。

被　控

执着总是在不知不觉中形成的，
一旦积累到被控的程度，
想要改变就不容易了。

十二种心

独立的心不依赖，
自由的心不黏着，
知足的心不贪婪，
宽容的心不嗔恨，
清净的心不分别，
安住的心不飘浮，
投入的心不动摇，
勇猛的心不退缩，
精进的心不懈怠，
解脱的心不牵挂，
利他的心不拣择，
觉照的心不空过。

要和不要

要慈爱，但不要执爱；
要慈悲，但不要伤悲；
要慈善，但不要伪善。

目迷五色

目迷五色，
不是眼睛被迷住了，
而是心被色尘占领，
结果眼睛成了俘虏。

蒙　蔽

心被无明蒙蔽，
看不清真相，
如果坚信自我的感觉，
只能永远活在错误认知中。

自我批评

要学会自我批评，
但不要学会用自我批评来保护自己，
这是凡夫心惯用的伎俩，
暴露一点小问题，
用来转移视线，
以掩盖更大的问题。

煤气泄漏

如果不对心灵进行管理，
即使在看似平静的时候，
不良情绪也会像泄漏的煤气一样，
慢慢包围你。
一旦遇到明火，
就瞬间爆炸了。

包容

包容，
在容纳别人的同时，
也给自己留下自由的心灵空间。

彼岸

心有迷惑烦恼，
即是此岸；
心无迷惑烦恼，
便是彼岸。
此岸与彼岸，
不是时空的距离，
而是心理的距离。

距离

距离为什么产生美，
因为它给人留下了想象的空间。
面对自己的时候，
不要被距离欺骗，
看清真实的你，
而不是你以为的你。

路在心中

心胸开阔，
待人宽容，
人生道路就会越走越宽；
心胸狭窄，
斤斤计较，
人生道路就会越走越窄。
路，不只是在脚下，
也在我们的心中。

避苦求乐

我要避苦，
他人也要避苦：
我要追求快乐，
他人也要追求快乐。
这种避苦求乐之心是相同的。
因此，我们不能只顾自己，
也要考虑他人的需要，
是为同理心。

设　定

心有了太多的设定和执着，
就会失去自由，
失去创造力。

潜意识

西方心理学
十八世纪才有潜意识之说，
以海上冰山的潜在部分为喻。
而佛陀在两千五百年前
就提出潜意识的存在，
并以大海和波浪
说明潜意识与意识关系，
这些思想
在大乘佛教的唯识经论中
有着详细论述。

面　对

所有引发情绪的问题，
都是让我们反省并改过的机会，
如果回避而不去面对，
就像在镜中看到脸上的污垢时，
不去擦干净，
反而转过身去，
永远不照镜子。

凡夫心难取悦

凡夫心难取悦。
一个人想让自己保持快乐尚且不易，
要让他人长期快乐，
简直难上加难。
因为其本性就是无常而颠倒的，
如果不认清这点，
我们为抚慰凡夫心而做的一切，
往往会有各种副作用和后遗症。
就像镇痛的鸦片，
带来了比疼痛更大的麻烦。

正能量

正见，是正能量的基础；
正念，是正能量的内涵；
正气，是正能量的表现。
佛法修行，
就是通过树立正见，
启发良知良能，
进而培养正知正念，
实践正语、正业、正命，
使人生充满正气。

负面心理

有孤独的心理，
才会孤独；
有恐惧的心理，
才会恐惧。
摆脱使你孤独、恐惧的环境，
只能暂时回避孤独、恐惧。
唯有消除相关心理，
才能彻底解脱，
不再孤独，不再恐惧。

独　处

学会独处，
才能享受宁静。
不断攀缘，
往往是在制造无谓的忙碌，
让自己不得安宁，
让他人不堪其扰。

生命瀑流

生命像瀑流一样，
相似相续，
不常不断地延续。
我们的想法、行为形成的各种心理因素，
便是推动生命延续的核心力量。

没完没了

烦恼重的人，
总能找到让他烦恼的事。
其实，
这些事只是让烦恼现行的催化剂，
真正的肇事者是内在的烦恼，
而不是其它。

愿　心

有个老先生，
富有爱心，
颇具宏愿，
很想为社会做些事，
却因缘未具，
无法实施，
不免有日暮途穷的苍凉之感。
其实，
人生虽然短暂，
愿力却是无限的。
只要愿心坚定，
在未来生命中总有实施的机会，
乃至可以尽未来际地干下去。
所以，
我们缺少的往往不是机会，
而是愿心。

控制欲
控制欲太强，
反而让人更没有安全感。
在这无常的世间，
没有什么可以绝对地听从于你，
也没有什么你能永远抓得住。
常常是，
拳头捏得越紧，
漏走的东西越多，
最后空空如也。

看清烦恼
心清明的时候，
才能看清烦恼行踪，
避免被它所左右。

无尽危害

如果不改变不良习惯，
它会延续十年、百年，
乃至千万年，
这将给自己不断制造痛苦，
同时也给他人带去无尽危害。

被左右

内心有太多需求，
社会有太多诱惑。
如果没有明确的目标和果断的抉择，
很容易被外缘左右。

让灵魂跟上脚步

让灵魂跟上脚步！
希望人类心灵的正向成长，
能跟得上日新月异的科技，
避免更多悲剧发生。

狡猾的烦恼

烦恼非常狡猾，
它总能把我们的注意力引向外部世界。
在我们向外追逐和执着的过程中，
它就得到了生存的机会，
得到了增长的空间。

情　结

情结，
是贪执之情在心里打了个结，
影响到心的自由自在。

躁　动

太多的噪音，
让环境变得嘈杂；
太多的躁动，
让内心陷入混乱。

经验和价值

每一个经验，
不管是好的还是不好的，
都给我们提供了一次观察心的机会。
在这个意义上，
其价值是一样的。

观　照

对于每一种想法和情绪的生起，
我们都要保持观照，
而不是盲目地跟着跑。

心　田

心就像一片田地，
我们每天的起心动念和所作所为，
就是在心田播种。
播下不同种子，
将会结出不同的生命果实。

多动症

凡夫心都患有多动症，
如果不设法治愈，
就会永远不得安宁。
因为不安宁而彼此纠缠，
彼此伤害，
又因为不安宁而感到不安全。

纠　结

不原谅他人，
就会在内心制造纠结。
原谅他人，
就是把自己从纠结中解放出来。

心和命运

人如果不能控制自己的心，
也就不能控制自己的命运，
不能控制世界的发展。

刺　猬

有些人的心太狭隘了，
连一根针都容不下，
但他又无法不遇到针，
结果是心上插满了针，
像个闪耀的刺猬。

废　话

现在的人为什么废话特多？
因为心灵充满垃圾，
滋养了丰盛的废话。

心灵宝藏

在这风云变幻的无常世界，
外在财富越来越靠不住了！
希望大家多多积累心灵财富，
有朝一日，
打开内在的无尽宝藏，
成为真正的富有者。

深层的宁静
唯有找到心灵深层的宁静，
才不会在妄念的波涛中跌宕起伏，
不由自主。

清理垃圾

当今社会总有人在传播一些垃圾文化，
受此影响，很多人的内心
都充满了各种垃圾碎片，
严重干扰心灵程序的运行。
通过禅修，可以帮助我们清理垃圾，
提高心灵的反应速度。

垃　圾

很多人需要培养不乱丢垃圾的习惯，
但更多人需要培养不乱丢心灵垃圾的习惯，
免得污染他人心境。

黏　性

当我们处于妄心状态时，
即使告诉自己“不必执着”，
告诉自己“看破放下”，
也是难以奏效的。
因为妄心是有黏性的，
只要对外境有所接触，
立刻就会被黏住，
被纠缠——
对所爱起贪，对非爱起嗔。

不安全

人的不安全感来自哪里？
来自内心潜在的不安全因素，
也来自对外界的过分依赖。
在这无常的世间，
哪有什么可以永久依赖的东西？
当你想靠又靠不住的时候，
这种不安就被放大，被强化，
成了头顶那把悬而未落的剑。

至道無難 唯嫌揀擇
但莫憎愛 洞然明白
毫釐有差 天地懸隔

信心銘節录

主 权

心灵好比广阔无垠的世界，
每个念头都想成为这片土地的主人，
你愿意把主权交给谁呢？

清 洗

衣服脏了要清洗，
身体脏了要沐浴，
环境脏了要打扫。
内心脏了，
我们却从不过问，
任其臭气熏天，
甚至殃及他人。

心灵的自由

人不仅要追求环境的自由，
更要追求心灵的自由。
如果没有心灵的自由，
即使身处再自由的环境，
也会被内在的情绪干扰，
被种种的烦恼所束缚。

改善内心

没有完美的心灵，
就不可能有完美的世界。
想建设完美的生活，
必须从改善内心开始。
今天的努力，
决定了未来的生命起点。
因此，把握现在就是把握未来。

放　下

放下不是放弃，
而是放下内心的执着，
并不排斥为成就善业所作的正当努力。

逃不掉

一个人可以回避环境，
却无法逃离自己的心。
正像有人骑马外出，
想要摆脱烦恼，
却发现烦恼也在马鞍上，
并且指引他前进。
我们虽然不喜欢烦恼，
但总在不知不觉中
听从烦恼的使唤，
成为烦恼的奴仆。

布　施

布施，
不仅是施舍财富，
更要舍离内心的贪着。
施舍财富，可以增长福报；
舍离贪着，才能成就解脱。

心灵体检

负面情绪就是心灵毒瘤，
要谨防它的出现，
严禁它的增长。
所以，
我们应当时常进行心灵体检，
才能及早发现问题并加以治疗，
以免病入膏肓，
无药可救。

自由的前提

真正的自由来自内心，
在认识上没有困惑，
在心灵中没有烦恼。
有了这样的自由，
就可以随遇而安，
随缘自在，
无往而不自由也。

贫　富

贫困，
不只是生活的贫困，
心灵的匮乏更可怕；
富有，
不只是物质的富有，
精神的充实更重要。

清净的心

清净的心，
才是自由的心。
如果被种种烦恼和妄想所控，
就无法自主，
不得自在。

不平常

有平常心，
就能从平常事中发现快乐和价值。
没有平常心，
就需要制造许多不平常的事，
才能找到所谓的快乐和价值。

健　康

这个世界没有绝对的好人与坏人，
只有健康和不健康的人。
所谓坏人，
无非是贪嗔痴的重病患者。

控　制

人被心灵垃圾控制的时候，
往往以为自己在控制世界。

发 心

发心，
是开发某种心理因素，
或者说选择发展某种心理，
这对于人生而言非常重要。
因为它直接关系到我们将会成就什么样的生命。

最好的保险

善心和善行才是人生最好的保险。
常怀善心，
常修善行，
才能真正地平安和乐。

开放的心

超越设定和偏执，
保持内心的开放和好奇，
就能看到一个广阔而又神奇的世界。

嗔心不可取

遇到任何伤害和不公平，
都不要让心陷入嗔恨，
因为那样只能产生对立，
却于事无补。
唯有慈悲接纳，
就事论事，
才能化解矛盾。

游 戏

热衷于色情或暴力的游戏，
虽然不会构成犯罪，
却是在培养犯罪心理，
不利于心灵的健康成长。

转　移

多看别人的不足，
可以转移对自己的失望，
然后心安理得地安于现状。
你这样骗过自己吗？

精神空洞

忽略精神财富，
缺少精神生活，
结果往往是物质条件越丰富，
精神世界越空洞。
这种人年轻时忙忙碌碌，
尚能打发时间，
老来就不知该怎么活了。

美好的心

没有美好的心灵，
色身装修得再好，
也是不耐看的。
所谓『因可爱而美丽，
不是因美丽而可爱』。
学佛，
就是给心灵美容。

消除对立

9.11 事件，
是一次仇恨心的产物。
人类因为我执我见，
形成狭隘的个人主义、
种族主义、国家主义，
乃至宗教主义，
由此形成冲突、对立，矛盾，
引发仇恨心理。
人类唯有认识到自我感的荒谬，
减少我执我见，
才能建立同体共生的世界。

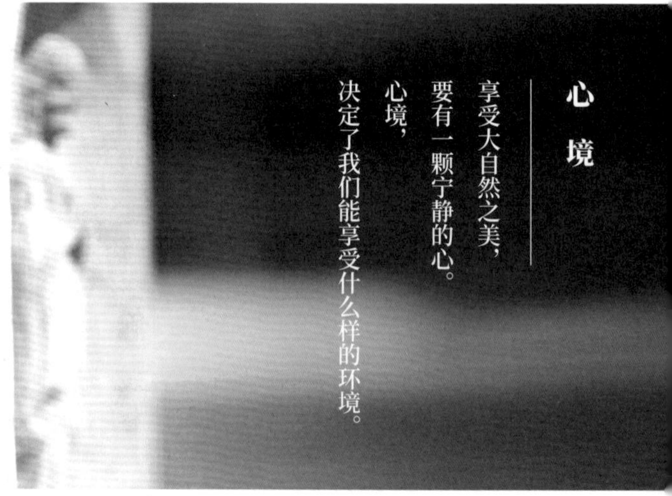

心境
享受大自然之美，
要有一颗宁静的心。
心境，
决定了我们能享受什么样的环境。

做事的两种结果

做事可能成就我执，
也可能成就无我。
为满足自我的重要感、优越感、主宰欲而做事，
在做的过程中必然成就我执。
只有为利他而做，
才能在做事过程中成就无我。

安　全

内心没有安全感，
走到哪里都不安全；
消除内心的不安定，
才能处处安然，时时自在。

不安宁

这是一个贪嗔痴主导的世界。
不消除贪嗔痴，
就别想安宁地过日子。

诵　经

诵经可以暂时静心，
但只有领会其中义理，
落实到心行，
运用于生活，
才能真正改变心态，
改善生活。

想　象

有些人活在想象中，
每天都会想出很多烦恼，
即使别人想要帮助他，
也是很困难的。

语言的背景

语言的背景是心态，
当你说话时，
不仅表达了你的想法，
同时也暴露了你的心态。
在这感官的舞台上，
拥有一颗美好的心非常重要。

选择

心虽然有选择的功能，
但多数人已经失去主动选择的能力，
总是活在被选择中，
被烦恼习气所左右。

轻　信

人心浮躁，
缺乏安全感，
所以才容易轻信谣言，
引发各种不必要的恐慌。

体　会

如果只考虑自身需要，
就不会顾及他人死活。
唯有对他人的苦乐感同身受，
才能心生慈悲。

偷　袭

心越混沌，
烦恼越容易偷袭成功。
你在痛苦中倒下，
却不明白是怎么被击中的，
这就注定会一次又一次地倒下。
于是乎，
最后都懒得爬起来了，
所谓沉沦是也。

奴　隶

看看你的心念：
每天都在为谁服务？
其实，我们早已成烦恼妄想的奴隶了，
真是可怜啊！

自足的心

充满贪执的心，
一旦失去依赖就会觉得空虚、无助、迷茫。
无所贪执的心，
没有任何依赖也会觉得自足、自由、自在。

选　择

心虽然有选择的功能，
但多数人已经失去主动选择的能力，
活在被选择中，
被烦恼习气所左右。

购物狂

有些人内心空虚，
才会疯狂购物，
把自己身上挂得像圣诞树一样。
只有那些内心充实的人，
才能享有简单而平静的生活。

心力不可思议

心念的力量不可思议，
只要方法正确，
努力奋斗，因缘具足，
一切都有可能实现。

幕后控制者

执着会产生依赖，
而依赖正是我们被外物控制的主要原因。
能够控制我们的，
其实不是外物，
而是我们的依赖心理。

为善最乐

能够伤害别人的心理，
同时也会伤害自己。
与人为善，
才能处处遇到善人。

幸　福

幸福是由内心产生的，
我们往往不加关注。
外在条件只是产生幸福的助缘，
我们却全力追求。
如果不了解心的作用和运行规律，
就无法掌握幸福的主动权。

投　资

很多人都在投资股票，
可股票市场充满风险，
即使有所斩获，
也不过是暂时利益。
其实，
我们的心灵也是一个股份公司，
由各种心灵股票组成，
有些会带来无尽利益，
也有些会让人深受其害。
能否正确选择和投资心灵股票，
直接关系到我们未来的幸福。

综合体

人不是单一的存在，
而是各种想法和情绪的综合体。
有些人心理相对协调，
所以能心平气和。
而有些人内心充满矛盾，
纠结不堪，
最终就会导致人格分裂。

多想别人

总想着自己，
会产生许多需求、烦恼、担忧；
多考虑别人，
会变得善良、慈悲、安心。

面对诱惑

人有各种需求，
如果不是目标十分明确，
面临诱惑时，
选择就会模糊。
即便目标明确，
如果定力不足，
有时也会被诱惑带走。

内心强大

内心强大未必都是好事，
如果强大的是不良心理，
可就麻烦了。
所以我们要选择并培养正向心理，
使之强大，
才能利己利人，
独立而不依赖，
自由而不排他。

心学和心理学

佛法和心理学都是解决心理问题。
佛教讲明心见性，
开发觉悟潜质，
从根本上铲除贪嗔痴的病灶。
心理学则通过科学手段，
了解人的心理现象及规律，
解决异常的心理问题，
而人类正常的贪嗔痴则不在其解决范围。

面对自己
当内心自足而且强大的时候，
你才有能力面对自己，
享受安静。

整容

整容不如整心。
且不说手术存在风险，
即使整好了，
也不过是一时的漂亮。
而把内在烦恼解除了，
你就会成为最快乐的人，
也是最可爱的人。

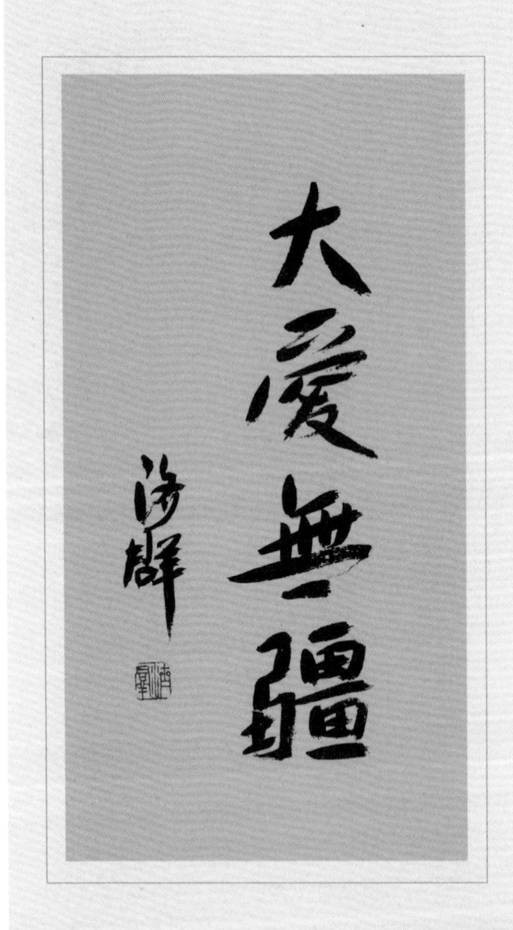
大愛無疆
濟群

命　运

心念主导命运，
行为左右命运，
性格决定命运，
环境影响命运。

脆弱的世界

科技越发达，
人心越浮躁，
世界也变得越脆弱了。

不良习惯

多数人都是不良习惯的受害者，
并在受害的同时伤害他人。
所以，
不良习惯才是我们共同的敌人。
我们应该和不良习惯抗争，
而不是和谁较劲。

活在哪里

人，不只是活在现实中，
更是活在内心的种种活动中。
你的选择和认知模式，
决定了你会有什么样的生活，
也决定了你会有什么样的精神世界。

便利的结果

科技和商业虽然给生活带来便利，
但却滋长贪心，
鼓动欲望，
使人心变得浮躁，
生活变得喧闹。

宠辱不惊

认清无常和无我的真相，
才能拥有平常心。
有了平常心，
才能在兴衰成败中宠辱不惊，
坐看云起。

黑　暗

心灵的阴暗，
带来世界的黑暗。

不顺心

有人觉得什么都不顺心，
其实，让你不顺心的不是其他，
而是因为自己不接纳。
只要能以开放的心接纳，
不顺心的都会变得顺心。

将心比心

在轮回中，
我们的身份在不停变换。
今天虐待动物、伤害他人，
终有一天，
也会遭到同等甚至更重的报应。
己所不欲，
勿施于人。
学会将心比心，
是与人相处的基本德行，
也是我们对待动物应有的同理心。

变
世界，
那么真实，
又是那么虚幻。
生活，
那么有趣，
又是那么无谓。
心念时时在变，
世界也时时在变。

利与害

利他之心即是利己之心，
害他之心也是害己之心。
因此，
利他即是自利，
害他必成自害。

从简单到复杂

世界本来很简单，
因为有了我执我见，
有了人我是非之心，
所以才变得无比复杂。

自　主

自主才能自在。
在混乱的心相续中，
你能自主吗？

貌似合理

观念会制造心态，
而心态产生的需求也会让观念为之服务，
使之变得貌似合理。

被选择

在心念活动中不能自主，
就意味着你生活在被选择中。

杀毒软件

心灵病毒的种类虽然无量无边，
但不外乎是贪嗔痴的不同演变。
佛陀不仅发现了这些病毒的成因，
还为我们提供了“戒定慧”的杀毒软件，
可以从根本上消灭烦恼病毒，
使我们成为真正意义上的健康者。

混乱的心

在一片浮躁、混乱的心地上，
很难培养出崇高的理想、
优秀的品质、出类拔萃的才能。

庄　严

用语言赞美他人，
同时也在庄严自己的内心。

散　乱

散乱，
使心陷入妄想，
计度分别，
烦恼丛生。
同时也使做事没效率，
修行没力度。
唯有通过禅修克服散乱，
才能安住正念，
不为烦恼所伤，
不被妄想驱使。

堵车不堵心

不要让堵车成为堵心。
如果没有期待的心，
安住当下，
堵车正是休闲、放松的好时光。

心灵炸弹

一个内心充满负面情绪的人，
就是一颗心灵炸弹。

传　染

病毒都有快速复制和传染的能力，
贪嗔痴也会传染到一切心行上，
并演化出种种新型病毒，
让人防不胜防。
凡夫的心理世界，
基本都在贪嗔痴的控制之下，
但因为不知不觉，
我们还以为是“活出自己”了。

消除对立

慈悲，
是要消除内心的隔阂、冷漠、对立，
广泛接纳一切，
并给予相应帮助，
使之离苦得乐。

无　私

一个极为“无私”的人，
也可能有极大的我执。
因为“无私”，
我执就会显得理直气壮，
对付起来难度更大。

不充实

忙碌并不代表充实，
通过忙碌获得充实，
恰好说明内心的不充实。

发心和用心

常以慈悲心待人，
便是在长养慈悲；
常以嗔恨心做事，
便是在成就嗔心。
每天的发心和用心，
决定了我们的心态和人格。

解除不安
每个生命的内在，
既有制造不安的心理因素，
也潜藏着令心获得安全和稳定的力量。
修学佛法，
就是帮助我们解除不安的心理因素，
开启安全而稳定的心理力量。

科　技

科技是第一生产力还是第一破坏力，
关键取决于人们对它的运用。
如果缺乏健康的心智，
科技将给人类带来无穷的祸害。
事实上，
它的先进性和破坏力是成正比的。

饿鬼的心态

饿鬼不仅是一类生命形态，
同时也是指一种心态。
若是贪得无厌，
不知满足，
永远处于渴求状态，
便是典型的饿鬼心态。
饿鬼的生命形态，
就是由这种心理发展而来。

对　应

好恶分明的人，
也容易被别人所排斥；
宽容大度的人，
才能被更多人接纳。
培养平等、宽容之心，
有助于修慈悲心，行菩萨行。

看好你的心

看好你的路，
免得摔跟头；
看好你的心，
免得惹麻烦。

心灵科学

佛教是心灵科学，
重视对心理规律和真相的认识，
讲究实修实证。
佛教的哲学，
对心灵现象、心灵与世界的关系，
有着系统而深刻的论述。
而佛教的禅修，
则是指引我们明心见性、断惑证真的有效途径，
是佛陀乃至无数弟子亲证的。
弘扬佛法可弥补现代科学之偏，
使人找到生命的真正出路。

随波逐流

在混乱的心念瀑流中，
没有勇猛精进的力量，
是不可能走出来的。
所以，
多数人只是在随波逐流。

自　恋

自恋的人，
内心都有一副 PS 过的完美肖像，
他迷恋的是那个自己。

开心吗

穷人有穷人的活法，
富人有富人的活法，
至于谁能玩得更开心，
关键在于心境。
多数人只知创造条件，
却忽视了心境，
结果总是开心不起来。

温暖不冷漠

同情心和同理心有助于慈悲的增长。
有了慈悲，
这世界才有温暖，
才不会冷漠。

心灵系统

心灵系统和我们关系最为密切，
它每天发号施令，
制造苦乐，
让我们疲于奔命，
我们却从来不曾了解它，
也不懂得如何管理和正确使用，
是不是有点可怕？

漂泊

没有找到心灵的家，
生命会在轮回中漂泊，
四处攀缘，
寻找依赖。
找到心灵的家，
回归觉性的故乡，
才能随遇而安，
随缘自在。

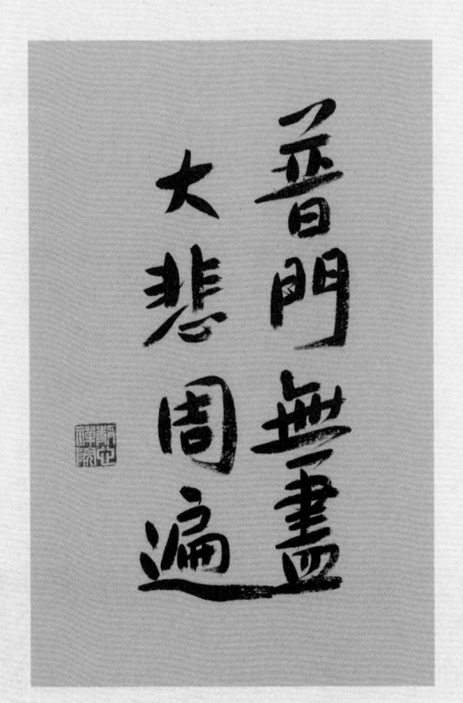
普門無盡
大悲周遍

挖坑到填坑

每种需求的建立，
都意味着在内心挖了一个坑。
创造财富、满足需求就是填坑的过程。
有人坑挖得小、挖得少，
填起来还比较容易；
有人坑挖得多、挖得大，
他的填坑工程可就没完没了了。
在这生产力高度发达时代，
人们填坑的能力很强，
挖坑的能力更高，
所以，今天的人特别忙碌。

调　频

惜福，
不要形成强烈执着；
开放，
不要落于肆无忌惮。
保有开放的心，
过简朴而自然的生活。

放　生

放生时，
需要检讨一下自己的发心，
是基于对利益的考量，
还是出于对动物的爱护。
前者可能成就贪心，
后者才能真正成就慈悲。

噪　音

躁动的心里发出的声音，
叫作噪音。

谁是主人

串习这个老友，
总是一再地造访。
在心灵的大家庭中，
谁是主人，
谁是客人，
你分得清楚吗？

诱　惑

有多少需求，
就会有多少诱惑。
不是因为诱惑太多，
而是因为我们内心的需求太多，
又缺乏把握自己的定力。

苦多乐少

外在快乐和我们对外物的贪着有关。
贪着的满足虽能带来快乐，
但从本质而言，
是一种制造痛苦的心理。
所以，
来自贪着的快乐往往苦多乐少。

孤　独

世上本来没有孤独，
因为在乎这个“我”，
就把自己独自孤立起来了。

摆　平

人们都想摆平别人时，
世界就动荡起伏了；
人们都在摆平自己时，
世界就风平浪静了。

良　心

良心离不开教育。
通过教育，
使人认识到个人品行及公共道德的标准，
当他违背这些德行，
就会生起羞耻之心，
这是良心建立的基础。
缺少做人的教育，
缺乏做人的标准，
良心就会成为被遗忘的稀缺资源。

道德的软件

电脑安装软件，
才能产生相应作用。
在我们的生命系统中，
如果没有通过教育安装道德、诚信的程序，
人们蔑视道德、不讲诚信，
也是很正常的。

自主力

多数人的生命都是不能自主的，
所以我们要培养自主力，
才能做自己的主人。

不容易

现代社会污染严重，
诱惑众多，
除非具有百毒不侵之身和如如不动之心，
才能免受伤害。
否则，
想要健康平安地活着，
也是件不容易的事。

黏　着

有黏着的生活很辛苦，
黏着被伤害了更辛苦。
没有黏着的心，
才是最自在的。

回　报

利他之心是善心，
利益他人的同时也滋润了自己。
害他之心是不善心，
打击他人的同时也伤害到自己。

善良和爱的记录

你曾经对别人好过，
无论将来别人怎么对待你，
你都应该高兴。
因为你曾经对别人好过，
给自己生命留下了善良和爱的记录。

真正的家

心向外攀缘、执着，
难免辛苦，
难免受伤。
正念才是真正的家，
把心带回家。

心灵美容

一个人相貌好，
只宜远看；
如果近距离相处，
心态好更重要。
所以，心灵美容甚于身体美容。

护生之心

放生，
首先要有护生之心。
有了护生之心，
不论是解救生命，
还是关爱动物、保护环境，
乃至吃素，
都是不同形式的放生，
都是慈悲的修行。
没有护生之心，
放生对自身修行就没有多少意义了。
如果处理不当，
还可能会演变为杀生。

能动的心

物质是被动的，
心灵是能动的。
能动的心，
对于发展生命和改变世界具有主导作用。
所以，
改变世界要从心开始。

主动选择

佛教所说的发心和发愿，
就是帮助我们主动选择生命的发展方向，
避免活在被选择中。

身病和心病

病，有身病和心病。
身病由四大不调所导致，
而心病则由贪嗔痴三毒所引起。
凡夫都是无明烦恼的重病患者，
唯有了知其中过患，
才能积极治疗，
成为真正意义上的健康者。

千疮百孔

人类有太多需求，
所以让心变得千疮百孔。
为了填满这些心灵之坑，
需要从大自然获取资源，
所以大自然也变得千疮百孔。

善 意

学会用善意的眼光看问题，
可以增长善心，
建立和谐的人际关系，
同时也有助于事情的良性发展。

串习
当内心缺乏观照时，
串习理所当然会成为主人。

快乐之道

不了解快乐之道的人，
想要解除痛苦，
却常常自讨苦吃；
希望得到快乐，
却把快乐像仇敌一样摧毁了。

知恩报恩

佛教讲孝道，
主要是从报恩的角度。
父母对子女恩重如山，
为人子女者，
应时常忆念父母恩德，
心怀感恩，
并通过报恩来完成孝道。
知恩报恩，
也是慈悲心生起的基础。

二深层力量

人的内心有躁动、混乱的一面，
也有宁静、稳定的层面。
体认到宁静、稳定的深层力量，
可以解除内心的躁动和混乱。

心灵空间
活在一个没有设定、
没有情绪干扰的心灵空间，
才会自由自在。

二元对立

只要内心存在二元对立，
人生一定会苦乐参半，
忧喜相随。

勤修戒定慧

持戒，是安装心灵的防御系统；
修定，是培养心灵的免疫能力；
修慧，是开启心灵的杀毒功能。
是为“勤修戒定慧，息灭贪嗔痴”。

怎么过

内心宁静，
精神充实，
简朴的生活也能过得很快乐自在；
内心浮躁，
精神贫乏，
富裕的生活也会过得百无聊赖。
所以，
关键是取决于你怎么过，
而不在于你有什么。

心种种故

平行宇宙论认为，
当我们做出选择时，
宇宙就在裂变。
佛教认为法界一体，
当我们分别心生起的时候，
就会形成各种心念、心态、人格，
显现与此相对应的世界。
因为有种种心，
所以有种种世界。

人生第一财富

身心健康是人生第一财富，
修身养性是人生最有价值的工作。

流行病

在今天这个社会，
处处都是诱惑和干扰，
更有各种心灵病毒广泛流行，
如果没有开启觉性系统，
建立内观的监视功能，
想要不中毒是很难的。

大　爱

人间的情爱很脆弱，
会受到不同需求的干扰，
各种情绪的左右。
此外，
观念差异会使人各奔东西，
业力差别则导致人天永隔。
唯有具足无限悲心，
才能建立永久的大爱。

同理心

具备同理心，
才能更宽容地面对各种人和事。
宽容他人，
则会让自己的心变得更广阔，
更自由。

忽视

一个人陷入某种特定的需求和执着时，
很容易忽视身边美好的东西。

伤　害

恨他人，
就是在发展仇恨心理。
当这种心理产生作用时，
首先是伤害到自己，
然后才会伤害到他人。

惭　愧

何谓惭愧？
惭，是因为违背做人道德而生起羞耻心；
愧，是因为违背社会公德而生起羞耻心。
羞耻心，
是止恶行善的基础，
也是健全人格的保障。
佛经说：有惭有愧则有善法。
若无惭愧，
则与禽兽无异也。

悲　悯

悲悯是菩提心生起的基础，
而菩提心能使悲悯增长为大慈大悲。
每个人都可以成为
观音菩萨那样具有大慈大悲的圣者，
但需要修悲悯心，
发菩提心。

接　纳

忍辱，
关键是以智慧消除内心嗔恨，
培养接纳的胸怀。
唯有这样，
面对逆境时才能安然接受，
不陷入抵触、对立的负面情绪中。

息嗔
有嗔心就有敌人。
平息嗔心，
就意味着消灭了一切敌人。

身不由己

人们常常活在被动选择和惯性反应中，
身不由己。
如果生命没有自主，
又何来自由？
被控、被选择不只是环境因素，
更多还是源于内心因素。

来自爱的伤害

有独立的心，
才能更好地爱护他人。
如果是来自渴求的情爱，
只要彼此的关系不能完全对应，
就会造成伤害，
或是相互伤害。

四无量心

大乘佛子应每日修习四无量心：
愿一切有情永具安乐及安乐因；
愿一切有情永离众苦及众苦因；
愿一切有情永具无苦之乐，身心怡悦；
愿一切有情远离贪嗔之心，住平等舍。
若能常以此心面对众生，
慈悲喜舍之心就得以增长。

笼　子

傍晚下山，路过一所中学，看到铁门紧闭。
由此想到许多人的一生：
上学，被关在学校里；
成家，被关在家庭里；
上班，被关在公司里；
死了，被关在盒子里。
关，不只是环境因素，还有精神因素。
人的一生似乎都在编织属于自己的笼子，
然后自豪地把自己关进笼子中。

心地光明

点亮心灯　照破无明

一灯能破千年暗，一智能破万年愚。
点燃心中的智慧之灯，才能驱除黑暗，照破无明。

照见
无明使人看不清自己，
也无法对行为做出正确抉择。
学佛就像在心中点燃一盏明灯，
看清自己，
看清世界，
从而确立未来的人生方向。

向佛菩萨学习

学佛，
就是向佛菩萨学习，
解除内心的贪嗔烦恼，
成为充满慈悲和智慧的人，
尽未来际地自觉觉他、自利利他。

义　工

给义工开示的时候，
我感到自己也是一个义工，
是一个在尽未来际生命中，
追求个人觉醒和帮助更多人走向觉醒的义工。
希望大家都能加入这个义工队伍，
让世界充满光明和希望。

自我拯救

佛陀成道对于人类的最大贡献，
是发现一切众生都有觉悟潜质，
都有能力解除自身迷惑，
完成生命的自我拯救。
佛陀的这一发现，
给众生找到了解脱的出路。

给　力

谁最给力？三宝最给力。
真切地对三宝生起信心，
修学佛法，
开启生命内在的觉悟潜质，
必能摆脱迷惑，
断除烦恼，
成就解脱自在的人生。

智慧之灯
一灯能破千年暗，
一智能破万年愚。
点燃心中的智慧之灯，
才能驱除黑暗，
照破无明。

戒　律

戒律是一种心路规则，
告诉我们“此应作，
此不应作”，
从而引导我们安全地行驶在人天道、
解脱道和菩提道上，
避免因贪嗔痴落入恶道。
如果说交通法规是生命的安全保障，
那么，
戒律就是法身慧命的安全保障。

觉醒的心
发菩提心，
就是发展觉醒的心。
不仅要自己走向觉醒，
还要帮助一切众生走出迷惑，
走向觉醒。

急功近利

缺少高尚的精神追求，
人们才会变得目光短浅，
急功近利。
弘扬传统文化中儒释道的思想，
有助于大众建立正向的精神追求，
改变这种短视而功利的现象。

别无选择

发菩提心虽然辛苦，
却是走在解脱道上。
实在累了，
歇一下也无妨。
如果不发菩提心，
永远都是生活在无明暗夜中，
看不到痛苦的尽头。

自他和乐

一个人只为自己活着，
就别指望别人为你无偿服务。
如果你心中只有大众，
你的事，
大家也会当作自己的事。
唯有我为人人，
才能人人为我，
自他和乐。

核　心

无我利他是大乘佛法的核心精神，
自觉觉他是大乘佛法的核心价值。
唯有彻底地无我利他，
才能真正地自觉觉他。

觉　音

基督教传播的是福音，
可以成就人天福报。
佛教传播的是觉音，
可以帮助我们从迷惑走向觉醒，
走向解脱。

善法欲

学佛不是让我们无欲无求，
对正常的衣食需求，
应少欲知足；
对不善或过度的需求，
要坚决禁止；
对有利自身生命提升和利益大众的需求，
则给予鼓励，
谓之善法欲。
在大乘佛教中，
将善法欲作为重要的修行内容，
要发起誓求无上菩提和利益一切众生的宏愿。
这是多么大的欲望！

信　佛

信佛，
并非只是信仰外在的佛，
求佛保佑。
关键是相信我们内在都有佛性，
都能成佛，
并以成就佛果、走向生命觉醒作为人生目标。

点亮心灯

灯，
象征着光明、智慧。
点灯供佛，
能给我们带来光明的前景，
同时也寓意点亮心灯，
开启内在的智慧光明。
愿我们在供灯时，
勿忘点灯的本来意义，
愿佛法的觉醒之灯照遍人间。

觉悟之光

在这高度无明的时代，
唯有觉悟之光才能给世界带来希望。

佛

佛是什么？
佛是心灵的觉醒。
当你内心彻底觉醒的时候，
你就是佛。

呼唤良知

在一个缺少道德良知的社会，
发生什么都是可能的。
我们要呼唤道德良知，
这才是社会的希望所在。

必经之路

怎样学佛？
并非只是念经、磕头、烧香，
或局限于某种特定形式，
而是学习佛法智慧，
并使这种智慧成为自己的认识，
完成观念、心态到生命品质的转变，
这是学佛必经之路。
所以说，学佛是生命改造工程，
必须完成灵魂深处的革命。

供　养

为佛弟子，
每日三餐前应合掌默念：
“供养佛，供养法，供养僧，
供养一切众生。
愿断一切恶，
愿修一切善，
誓度一切众生。”
以此培植福德，
强化人生目标。

改变中心

学佛，
要改变以自我为中心的现状，
进而以三宝为中心，
以众生为中心，
这样才能解除我执，
成就大智慧和大慈悲。
否则的话，
所学所修往往会成为我执我见的资本。

本　师

今天是教师节，
想起佛陀，
他是我们的根本导师，
发现了生命的觉醒之道，
引领我们走出迷惘，
走向觉醒。
我们感恩佛陀，
纪念佛陀，
同时祝愿天下的教师，
也能关注生命觉醒，
成为真正的灵魂工程师。

母亲节

母亲节，
是提醒我们孝敬母亲的节日。
从佛教观点来看，
母亲对我们有无量恩德。
《父母恩重难报经》说到十种：
怀胎守护恩、临产受苦恩、
生子忘忧恩、咽苦吐甘恩、
回干就湿恩、哺乳养育恩、
洗濯不净恩、远行忆念恩、
深加体恤恩、究竟怜悯恩。
经常忆念母亲恩德，
可以生起知恩图报之心。

四个根本

皈依是信仰的根本，
发心是修行的根本，
戒律是僧团的根本，
正见是解脱的根本。

觉性相同

人的本性是相同的，
那就是人人都有觉悟潜质，
都能成佛。
但习性是千差万别的，
不同的观念、行为及生活经验，
形成了人与人的差异。

自　尊

每个人都有成佛的潜质，
都有觉悟的本性，
不应妄自菲薄。
《法华经》说，
常不轻菩萨见人就拜，
有人不解，问他为何如此？
他说：“你们都会成佛，
我不敢轻视你们。”
常不轻菩萨通过礼敬的方式，
来唤醒众生对自己的尊重，
对人身价值的认识，
这是多么慈悲的胸怀！

无我利他

菩萨行的核心精神是无我利他。
无我，是彻底破除自私自利之心；
利他，是全心全意为一切众生服务，
帮助他们究竟地离苦得乐。
菩萨正是从无我利他的修行中，
开启智慧，圆满大悲。

生命的觉醒

佛教认为每个生命都有与生俱来的迷惑，
同时也具有自我觉醒和自我拯救的能力。
佛陀便是全然的觉醒者，
佛法是通过对生命的正确认识及禅修，
帮助我们从迷惘中觉醒，
完成生命的自我拯救。
佛陀是导师，
是觉醒的榜样，
而佛法则是生命从迷惑走向觉醒的课程。

灭苦之道

佛教是灭苦之道。
佛陀教义的核心纲领为四谛，
即苦集灭道。
其中包括正视苦的现实，
了解苦的根源，
以及究竟平息痛苦的方法，
从而体认生命内在的宁静和喜悦。

临终关怀

佛教有临终关怀的项目，
对于临终者，
一是给予心理引导，
帮助他面对临终前出现的各种境相，
做出正确选择；
二是提供信仰支持，
通过助念，
帮助亡者排除干扰，
建立正念，往生善道。
许多人既没有信仰，
又缺乏面对死亡的准备，
想要安然死去是很不容易的！

最佳选择

发菩提心，
把生命投入到
自觉觉他的无限事业中去，
是生命发展的最佳选择。

正　见

各行各业都有相关的标准，
否则就会制造次品，
带来混乱。
同样，
修学佛法如果没有正见作为标准，
就会看不清方向，
从而偏离正道。
所以，
八正道是以正见为首。

践行道德

从佛法观点来看，
智慧比道德更重要。
因为道德需要在智慧的指导下实践，
同时也是为成就智慧服务的。
如果只是机械地遵行某种道德，
既不知道为什么这么做，
也不知道这么做的利益何在，
会是一件辛苦的事。

何以担当
佛法如此殊胜，
没有优秀的僧团，
何以继承，何以担当！
觉醒
济群

持　戒

人们之所以不愿持戒，
多半是害怕受到约束。
当然，
每个人有选择行为的自由，
但错误选择是要付出代价的。
而持戒正是阻止这种错误选择，
使我们心安理得地活着。

升　华

凡是大乘佛子，
应该发菩提心，
把一切众生放在心上，
化自私的爱为广大无私的爱。
在大爱中，
使生命共同得到升华。

依师亦依法

在佛法修学中，
一方面强调老师的重要，
一方面强调法的重要。
如果没有善知识，
就不能听闻正法；
不依法修行，
就不能从迷惑走向觉醒。
所以佛法要求我们亲近善知识，
又说依法不依人。
这样既能减少盲修瞎练造成的问题，
也避免过分依赖个人带来的弊端。

佛像的作用

有人看到寺院供着佛像，
就攻击佛教徒崇拜偶像。
其实，佛陀在世时并没有佛像。
佛灭后，
供奉佛像只是起到象征作用，
由此忆念佛菩萨的功德，
见贤思齐。
在佛经中，
为了破除人们对佛陀色身的执着，
特别宣说了法身无相之理，
所谓“若见诸相非相，即见如来”。

信仰缺失

信仰缺失，
必然会走向功利和道德沦丧，
这是一个否定信仰的社会必然要付出的代价。
信仰是社会道德建立的基石，
引导大众选择正确的信仰，
将有助于社会的健康发展。

沿流不止问云何，真照无边说似他。离名离相人不禀，吹毛用了还须磨。

临济禅师偈语

戊子年夏

有智慧，有慈悲

学佛，
是学习佛菩萨的智慧和慈悲。
有了智慧，
就能了悟世间真相，
断烦恼，
得自在。
有了慈悲，
就能接纳并宽容一切，
不再与人为敌，
远离各种灾难。

普贤行愿

普贤菩萨之所以称为大行，
因为他的行愿广大无边。
正如《行愿品》里说到的十大愿王，
从空间上，
是以尽虚空、遍法界为对象；
从时间上，
要尽未来际不断地实践。
这样的愿行，
可以帮助我们迅速超越对有限的执着，
通达无限。

人人皆菩萨

每个人都有或多或少的悲悯之心，
把这一念悲心扩大到无限，
便能成就观音菩萨那样的悲心。
只要发愿，
只要努力，
人人皆可成为观音菩萨！

视他如己

如果认定自身为我，
就会觉得他人与我毫不相干，
从而强化我执，
增长烦恼。
唯有视他如己，
才能生起同体大悲，
在利益他人的同时弱化我执，
解除烦恼。

道德基石

宗教是人类道德建立的基石。
否定宗教，
也就摧毁了道德存在的基础。

从身边做起

我们总在说发菩提心，
说要帮助天下众生，
这就必须从身边的人做起，
对他们宽容、爱护、平等、慈悲。
如果连身边的人都无法相处，
菩提心从何修起？

四个一

学佛道路上，要有一个目标，
一张地图，
一位导师，
一群伙伴。
具备这样的条件，
在家众在不影响工作、生活的情况下，
也能够系统地修学佛法。

正信和迷信

学习佛法，树立正信，才能扫除封建迷信。如果缺少正见和正信，我们往往会活在封建迷信中而不自知。

高尚信念

在这个世间，
只要还有人为高尚信念活着，
我们就能看到希望。
因为他们是黑暗中的光明，
是冷漠中的温暖。

觉醒的教育

佛教是生命觉醒的教育，
寺院正是实行这种教育的学校。
佛教信仰则是建立在教育基础上，
依正见而有正信。
忽略其教育内涵，
一味强调信仰，
便容易使佛教流于迷信、肤浅，
甚至庸俗。

学观音而非求观音

如果我们总是祈求观音菩萨保佑，
帮助我们实现各种世俗愿望，
那注定只是一个可怜的众生。
如果我们学习观音菩萨的精神，
长养慈悲心行，
以帮助众生为己任，
那我们不仅能解除自身的痛苦，
也能解除天下苍生的痛苦，
最终成为像观音菩萨一样的圣者。

六　度

六度，
是菩萨修行的六个项目。
布施对治贪心，
忍辱对治嗔心，
智慧解除愚痴。
持戒、精进、禅定，
则是息灭贪嗔痴的辅助修行。
修习六度，
是在利他中修正自我，
走向觉醒。

十　善

所谓善，
即远离不善的过失，
做到不杀生、不偷盗、
不邪淫、不妄语、不两舌、
不恶口、不绮语、不贪婪、
不嗔恨、不邪见，
此为十善行。
善行能给我们带来利益安乐，
不善行则会给个人和社会造成危害。
十善，
既是做人的十种基本德行，
也是维护社会安定和谐的保障。

佛法核心

解脱是三乘佛法的核心。
声闻乘以追求解脱为目的，
大乘行人也须具足解脱能力，
方可自觉觉他，
否则就是泥菩萨过河，
自身难保。

加　持

加持，
让我想到加磁。
宾馆的门卡，
加了磁才有效；
同样，有了三宝的加持，
走在菩提道上才更有力量。

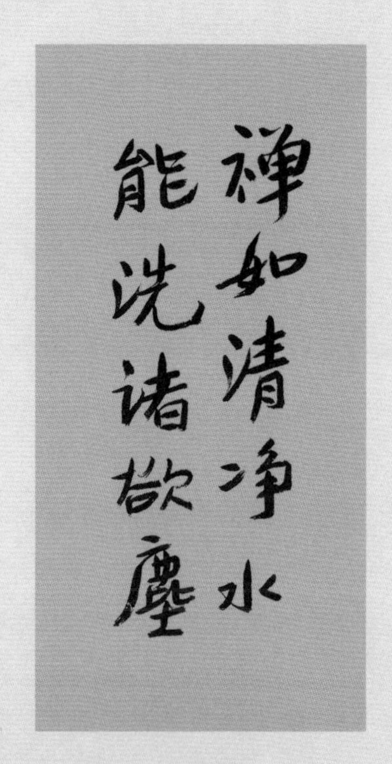
禅如清净水
能洗诸欲塵

希望所在
恢复寺院教育和弘法的基本职能，
是佛教健康发展的希望所在。

四谛法门

佛陀最初说四谛法门，
揭示了心理治疗的原理。
一是苦谛，
认清人生存在痛苦的现实，不回避。
二是集谛，
找到人生痛苦的根源，即贪嗔痴。
三是灭谛，
解除内心的贪嗔痴，
恢复生命的健康与自由，
即涅槃解脱。
四是道谛，
找到治疗贪嗔痴的方法，
即三学、八正道。
佛陀一生的教法，
都是治疗贪嗔痴的不同方案。

理解、接受、运用

学佛的步骤有三点，
就是理解、接受、运用。
真正理解了，
才谈得上接受，
谈得上运用。
在运用过程中，
又可以达到三种改变。
首先是观念的改变，
以佛法观念代替原有观念，
然后是心态的改变，
最终是生命品质的改变。

大悲心

观音菩萨是大悲心的显现。
忆念观音菩萨，
应该学习并实践大悲心行，
像观音菩萨那样，
寻声救苦，
有求必应，
解除人间各种痛苦和灾难。

法　脉

佛弟子承担着如来使者的职责，
那就是传承佛法，
实践佛法，
弘扬佛法。
以此点亮觉醒的心灯，
照亮自己，
也照亮他人，
尽未来际地自觉觉他。

落地生根的佛教

说到国学，
人们比较容易想到儒家、道家思想，
认为佛教是外来的。
其实，
佛教传到中国两千多年来，
早已渗透到各个领域，
如文学、哲学、艺术、民俗等，
和传统水乳交织，
成为中国文化的重要组成部分。
了解国学，
是离不开佛学的。

心灵慈善
对现代人而言，
心灵贫困已经超过物质贫困。
因此，心灵慈善比物质慈善更重要，
更急迫，更值得关注。

两件大事

学佛人有两件大事：
一是修学佛法，
解除人生迷惑，
开智慧，断烦恼。
二是传播佛法，
培植福德，成就慈悲，
同时帮助更多人从迷惑走向觉醒。
在菩提道上，
佛和众生同等重要，
不学佛无以成就智慧，
不利他无以成就慈悲。
只有悲智具足、福慧圆满，
乃能成就圆满佛果。

疗心良药

现代社会最大的问题是人的心态不好，
使得穷人和富人都烦恼重重。
佛法是心性之学，
也是治疗各种心灵问题的良药。
弘扬佛法，
有助于民众的心理健康。

出　家

出家意味着什么？
毁形守志节，
割爱无所亲，
弃家入圣道，
愿度一切人。

菩提家园

自我是一种迷乱的感觉，
家庭是一段暂时的关系。
家在哪里？
菩提家园是家，
觉醒的心是究竟的家。
把心带回家，
那才是你真正的安身立命之处。

慈　悲

何为慈悲?

慈，与乐也，

是给他人带去快乐。

悲，拔苦也，

是令他人从痛苦中解脱。

大慈大悲，

是说菩萨能对一切众生生起慈悲之心，

既说明慈悲的广大，

也代表慈悲的深刻、圆满。

找到方向

在这个知识爆炸的时代，

人类似乎有了前所未有的丰富知识，

但对正确认识人生和生命真相的知识，

却普遍重视不足，

结果不能立定脚跟，

在知识丛林中迷失了自己。

学习佛法，

可以帮助我们认识生命，

开启智慧，

使知识为我所用而不被其所转。

感　恩

文化教育和经验传承，

决定了一个人的生命内涵，

也决定了社会的道德水准。

如果没有圣哲们的出世，

缺少具有智慧内涵的文化，

多数人只会醉生梦死地活着。

我们应该感恩佛陀及历代祖师，

感恩古今中外的所有圣哲!

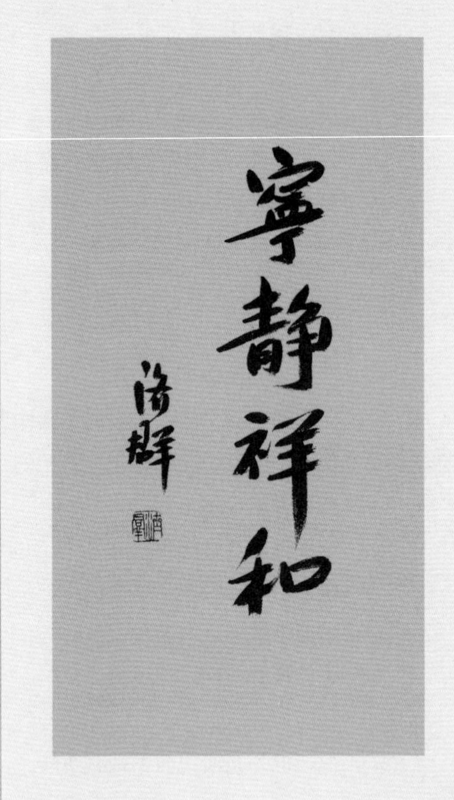
宁静祥和
济群

普世性的智慧

佛法非宗教，
也非某个团体独有。
佛法，
是一种普世性的智慧，
是一种究竟解决生命迷惑烦恼的方法，
也是人类共同的精神财富。
像空气一样存在，
像水一样重要，
就在你的身边，
就在你的身上。
佛经帮助我们认识，
善知识引导我们开显，
任何人都可以实践佛法，
都可以成为佛法的主人。

落实佛法

有佛法的寺院，
才是真正的道场；
缺少佛法，
不过是个景点而已。
有佛法的僧人，
才是真正的僧人；
缺少佛法，
不过是一些穿着僧装的工作人员。
所以，应该恢复寺院的教育职能，
把佛法真正落实到寺院，
落实到每个僧人。
否则真是庙不像庙，僧不像僧。

僧团之本

僧，清净、和合义。

僧团，
是一个依六和共住的团体，
是一个以追求真理、证得解脱为目标的团体，
也是一个以续佛慧命、传播正法为己任的团体。
这是佛陀最初建立僧团的意义。
当僧团缺少佛法，
不能住持并弘扬佛法的时候，
就会成为佛教发展的障碍，
不再是真正意义上的僧团。

魔王的诡计

不是穿着僧衣就能代表佛法，
也不是住在寺院就能代表佛法，
唯有学习、实践并弘扬佛法，
才能代表佛法。
佛经记载：佛陀在世时，
魔王波旬用各种手段阻止佛法传播都未成功，
于是对佛陀说，
等你涅槃后，
让我的子孙们穿你的衣，
吃你的饭，
谤你的法。
佛陀为之垂泪。

尽　职

寺院的职能是成就僧众闻法修行、传播佛法；
方丈的职责是指导僧众修学佛法、教化一方。
偏离了这种职责和职能，
使得佛教不成佛教，
僧团不像僧团。

信　仰

人类需求不同，
生命素质不同，
所以世界需要有多元的信仰，
需要有更多的人传播善良、博爱，
相互包容，
求同存异，
世界才会变得更加美好。

道在人弘

佛教界要培养学法、弘法的意识，
每个寺院应该有常规的修学内容和弘法活动，
才能保障僧人的基本素质，
保障佛教的建康发展。
如果忽视学法和弘法，
佛教就会变质，
迷信化、庸俗化也就在所难免。

回归本位

寺院是出家人修道的场所，
也是教化社会、净化心灵的学校。
建设修学型、服务型的寺院，
避免成为单纯的旅游和商业场所，
是教界应该努力的目标，
也需要社会大众共同维护。

如来使

觉醒和无尽的悲愿，
是如来使应该具备的两大素质。

朝　圣

朝圣，
是走近佛陀、走向生命觉醒的旅程，
可以在虔诚中净化身心，
唤醒内心的神圣；
可以忆念佛陀功德，
以佛菩萨为榜样，
念念融入佛陀无尽功德的海洋中。

古圣先贤

坐在佛陀专列上，
想起这片土地上出现过佛陀、
龙树、提婆、无著、世亲等诸大圣哲，
倍感神圣。
人类充满无明和荒谬，
因为他们的出现，
才让我们看清生命真相，
找到通往解脱自由的大道。
此恩此德，
粉身碎骨亦不足以酬报。

佛诞日

在本师释迦牟尼圣诞，
传统的纪念方式是浴佛法会，
停留在宗教仪式的层面。
建议大家把佛诞作为一次
“了解佛陀、走近佛陀”的机会，
读诵佛陀传记，
宣扬佛陀功德，
让更多人认识真正的佛陀。

入三摩地
济群

佛教兴衰

沿着佛陀足迹，
朝礼佛教遗址，
感到沉重和悲伤。
不是因为佛教衰落，
而是众生无明，
认识不到佛法的价值，
使这种智慧在这片土地上消失，
人们又回到迷妄的信仰中。
所幸佛法已传播到世界各地，
被越来越多的人接受，
相信不久的将来也能在本土重兴。

把自我缩小，
你的世界就会变大；
把自我放大，
你的世界就会变小。

零关注，就是无限关注

——《苏州广播电视报》专访济群法师

秦亚乔

在苏州微博界，有一个微博既不属于明星，也无关绯闻，无关打折，无关冷笑话，却有几十万粉丝。这个微博来自苏州西园寺首座济群法师。如果说微博界有很多高人气的微博粉丝数量都是刷出来的，那么济群法师的粉丝却是真实来自全国各地的，你可以在其中看到很多年轻的面孔，个性的微博名。为什么这么多年轻人、普通人会关注一位法师的微博，也许是因为在今天浮躁、矛盾丛生的社会里，人们需要有人来指点迷津，期待醍醐灌顶。而一位清心修行，道行高深的僧人开微博，符合人们的期望。

高僧微博探讨现代人心理

“今天是西方国家的愚人节，也是我们无明中的众生的共同节日！首先我们要庆祝节日快乐！其次让我们一起祈愿：早日摆脱愚痴带来的种种荒谬，做一个活得明白而又有意义的人。”

“今天是汶川地震三周年，让我们一起至心念诵三皈依：南无布达耶、南无达玛耶、南无僧伽耶……超度地震中的亡灵，愿他们往生佛国。也愿生者健康、快乐。”

“心清明的时候，才能看清烦恼的行踪，才能避免被它左右。”

“儿童节快乐！愿天下的儿童永远不失童心，享受天真的快乐，健康成长。”

“把自我缩小，你的世界就会变大；把自我放大，你的世界就会变小。”

没有枯燥的说教，高深莫测的禅理，济群法师的微博大多都是谈现代社会中人们的心理问题。愚人节、母亲节、儿童节、唱红歌，这位佛门中人的微博和现实生活切合度非常高。有时候，他也会童心未泯，发一张“小鸟与山僧”的照片，照片中一只小鸟栖息在他手上。或者发一张牛蛙的大特写，叫“牛蛙也有佛性”。

济群法师常在厦门南普陀寺的山中禅室静修，过着清净的山居时光，但同时他又有自己的个人主页，自己的博客，并且在 2009 年就时髦地玩起了微博。济群法师说，这都是为了弘法。他最早开了个人主页，后来发现博客比主页灵活，就开了博客；又发现微博比博客灵活，就又开了微博。刚开始，他也没有很认真，开了半年也没怎么管。后来有居士说：“法师你也开微博啦？我们都关注了，但怎么没啥动静呢？”经这一提醒，济群法师开始认真地发微博。几天后，粉丝数就已经蹭蹭上涨了。

普通人用微博晒生活，明星用微博博眼球，对于济群法师而言，微博是用来传播佛法的。当然，是以一种现代人容易理解接受的方式。“当今社会，人们的观念、生活方式确实存在一些问题，微博弘法是通过佛法给民众以正确指引，提供智慧的人生观和健康的生活方式。”济群法师说，如果只是单纯弘法，很可能流于说教，也不可能有这么多人关注了。

关注为零，我有自己的理解

济群法师的每一条微博，少则被转发一两百次，多则七八千次，评论也不计其数。他的微博有一个特点，粉丝几十万，关注却为零。济群法师说，他时常会看一看粉丝们的评论，因为他一方面希望指出现实问题，为大众提供不同角度的思考，但另一方面也关心，人们能否接受，会不会刺伤自尊。所以他要了解观者的反映，来更好地调整自己的微博。

“我还是喜欢清净的生活，所以我的关注为零。”有粉丝提出质疑:“法师怎么一个微博也不关注，是不是他不关注大家？”济群法师笑着说:“我有我自己的解读——零是无限。关注一个人，关注十个人，都是有限的关注。零关注，是代表无限的关注，是对整个社会的关注。”

和很多网络形式一样，微博一开始给了我们一个自由的新世界，展示自己真实的一面。但是随着时间的推移，微博上也出现了吵闹声，有些人因为不恰当的言语或者行为动辄得咎，甚至引发新闻事件。而以零关注开博的济群法师在这样的喧嚣中，既融入而又保持着清净。

有人的地方就有是非

“有人的地方，就有矛盾，有是非。”济群法师说，“微博是现实的投射，并且会将现实扩大。微博其实是将有限的东西放入无限的时空，原本是区域性、地区性的事情，到了这里就成了全国性、世界性的。”

济群法师提醒人们，现实中不敢说的话就拿到微博上说，恰恰是本末倒置。因为网络的放大效应会带来无法控制的结果，所以在网络上说话更应该慎重。“接触微博，要给自己一个定位，比如我上微博的定位就是弘扬佛法，用佛法的智慧解决现实人生存在的问题。”法师说，人在网上网下都要能对自己的言行负责，这必须有清晰的定位才能做到。

微博控，别怪微博

微博兴起了，“微博控”也随之出现。有些网友迷恋微博，每天没日没夜地上微博，工作时也控制不住自己找机会看微博，甚至为此放弃睡眠时间。

“控是一种心理现象，过分依赖就会导致被选择、被控的结果。”济群法师说，“微博控不是因为微博，而是因为自己强大的依赖心理。我们其实不是被微博控制，而是被强大的依赖心理控制了。”法师一一列举，现在有手机控、电脑控、网络控，这都是因为没有正确定位，导致过分依赖、沉迷某件事物，不断产生心理需求。要“戒控”，就要面对自己的内心。

“给它一个正确定位，然后有所节制。”

心有迷惑烦恼，即是此岸；
心无迷惑烦恼，便是彼岸。
此岸与彼岸，不是时空的距离，
而是心理的距离。

燈

一灯能破千年暗，

一智能破万年愚。

点燃心中的智慧之灯，

才能驱除黑暗，照破无明。

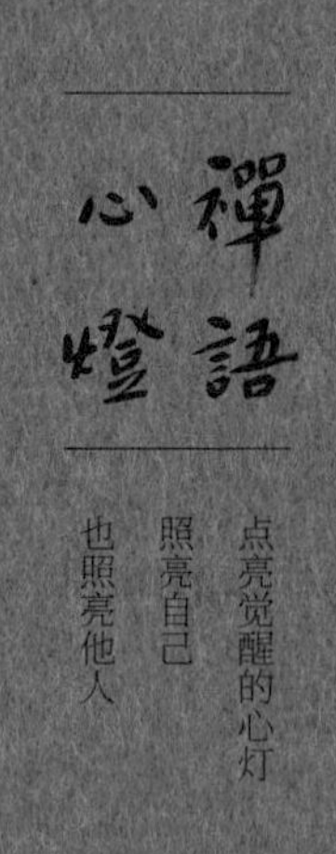
禪語
心燈
点亮觉醒的心灯
照亮自己
也照亮他人